《小心肝》栏目组 ◎著

轻辅食：
0~1岁宝宝
健康营养餐

U0225641

中国妇女出版社

图书在版编目（CIP）数据

轻辅食：0～1岁宝宝健康营养餐 / 《小心肝》栏目组著. —— 北京：中国妇女出版社，2018.7
ISBN 978-7-5127-1592-9

Ⅰ．①轻… Ⅱ．①小… Ⅲ．①婴幼儿－保健－食谱
Ⅳ．①TS972.162

中国版本图书馆CIP数据核字(2018)第100355号

轻辅食：0～1岁宝宝健康营养餐

作　　者：《小心肝》栏目组　著
责任编辑：陈经慧
封面设计：金版文化
责任印制：王卫东
出版发行：中国妇女出版社
地　　址：北京市东城区史家胡同甲24号　　邮政编码：100010
电　　话：（010）65133160（发行部）　　65133161（邮购）
网　　址：www.womenbooks.cn
法律顾问：北京市道可特律师事务所
经　　销：各地新华书店
印　　刷：北京中科印刷有限公司
开　　本：170×240　1/16
印　　张：12
字　　数：200千字
版　　次：2018年7月第1版
印　　次：2018年7月第1次
书　　号：ISBN 978-7-5127-1592-9
定　　价：39.80元

前 言

　　宝宝辅食，就是 6 个月以上的婴幼儿除了母乳之外，添加的辅助食品，给宝宝添加辅食是为了满足其生长发育对营养的需要。全面而均衡的营养，对成长中的孩子是很重要的，特别是在婴儿阶段的营养给予，更是奠定宝宝一生健康的根基。

　　根据 WHO/UNICEF 最新的婴幼儿喂养推荐，无论是纯母乳喂养还是人工喂养，抑或是混合喂养，都建议 6 个月开始添加辅食。从种类上讲，淀粉（谷物）类、蔬菜类、水果类、动物类食物都能给宝宝制作营养辅食；从质地上讲，可以按照泥糊状食物（米糊、肉泥、菜泥、果泥）－烂粥、烂面、碎菜、碎水果粒、肉末－软米饭、软面条、小饺子、小馄饨等半固体或固体食物的顺序来添加。

　　添加辅食最好是慢慢过渡，让宝宝逐渐习惯辅食的味道，最初先配合母乳或者配方奶，适当搭配一点辅食，切不可突然断奶或者直接喂辅食，否则容易引起宝宝不适应。为了宝宝的健康成长，开始时最好是给予清淡的饮食，以轻口味为主，等宝宝周岁以后，可以适当添加一点儿调味品。

过去，很多家长为宝宝制作辅食时动不动就是高蛋白、高热量的食物，也不在乎辅食添加时间，不培养宝宝的饮食习惯，向来都是饿了就喂，醒了就喂，哭了也喂，恨不得宝宝整天都吃得停不下来。这样不仅大人忙得晕头转向，宝宝也消化不了这么多过剩的营养，导致出现很多小胖子、小胖妞。宝宝轻辅食代表了轻松、简单、便捷的辅食喂养理念。在成品辅食的基础上，对辅食的喂养方式、方法提出了更高的标准，即轻松简单的喂养方式、轻净均衡的营养配比。用最简单的制作方式，让宝宝均衡吸收营养，用科学的配方，让宝宝的餐桌真正绿色健康起来。

目录——CONTENTS

PART 3——7 ～ 8 个月，蠕嚼型辅食

PART 4——9 ~ 10个月，细嚼型辅食

PART 5——11 ~ 12 个月，咀嚼型辅食

辅食制作
注意事项

随着宝宝一天天长大，6 个月以后仅依靠母乳喂养已经不能满足宝宝的生长发育需要，关键期添加辅食对宝宝今后的生长发育，对良好饮食习惯的养成都会带来好处。所以，掌握给宝宝添加辅食的技巧，对妈妈来说是非常有必要的。

1. 辅食制作工具

关于制作辅食所需要的工具，以下所述均会用到。

辅食机：可蒸、可解冻、可研磨，清洗还方便。

平底锅或者电饼铛：做一些小饼用起来还是很方便的。

筛网：用来过滤面粉，做好的成品非常细腻。

高压锅：给宝宝做肉食的时候，最好用到高压锅，否则宝宝不容易嚼烂。

餐椅：必备，从宝宝刚开始添加辅食，就养成坐餐椅的好习惯，将来不会因为宝宝边吃边玩而烦恼。

2. 辅食添加的时间

什么时候是给宝宝添加辅食的好时机呢？

母乳是婴儿最理想的食物，纯母乳喂养能满足婴儿 6 月龄以内需要的全部液体、能量和营养素。但为了宝宝的健康成长，一般认为，宝宝达到 6 月龄时可在母乳喂养的基础上适量添加食物。另外，宝宝对大人的食物也开始感兴趣，如当大人在宝宝旁边吃饭时，宝宝流着口水，馋猫样的眼神，甚至还会来抓勺子、抢筷子，这都是添加辅食的好时机。及时添加辅食不仅能满足宝宝口感的需求，也有利于培养宝宝良好的饮食习惯！

3. 辅食添加种类

辅食添加种类多样，淀粉（谷物）类、蔬菜类、水果类、肉类等都对宝宝的健康成长有帮助，妈妈可以根据宝宝的体质及时给予相应的饮食补充。

很多宝妈在开始给宝宝添加辅食时，第一种食物就添加鸡蛋黄，这其实是一个误区，这种添加方法不可取。因为部分宝宝食用蛋黄后容易出现过敏，导致宝宝湿疹加重和出现过敏性腹泻。建议在 7 个月后添加鸡蛋黄（婴儿 6 个月后出现过敏的概率逐渐减少）。

月龄	添加辅食品种	餐数		进食技能
		主餐	辅餐	
7	含铁米粉、肉泥、蛋黄、菜泥、肝泥、水果泥、鱼泥、禽肉泥等泥糊状食物	母乳或配方奶 600 毫升	1～2 次	用小勺喂婴儿；训练吞咽功能
8～9	烂面、软饭、碎菜、水果粒、肉末、全蛋等小颗粒食物	母乳或配方奶 600 毫升	1～2 餐饭；1 次水果	学用杯子和碗；训练咀嚼功能
10～12	小饺子、小混沌、煮软的蔬菜等软固体食物，性状以碎块状、丁块状、指块状为主	母乳或配方奶 600 毫升	2～3 餐饭；1 次水果	抓食，自己用勺与成人共同进餐

4. 添加辅食的顺序

添加辅食的顺序

应该由含铁米粉开始，这是宝宝的第一种固体食物，是最不容易导致宝宝过敏的食物。出生后 6 个月，宝宝从妈妈体内摄取的铁基本消耗完了，此时宝宝需要通过食物来补充铁。首先给 5 克米粉（相当于一平汤勺），用温开水调成稀糊状喂给宝宝，如果宝宝消化较好，大便正常，间隔 3~5 天可以增加米粉量到 10 克，以此类推。含铁的谷物应一直吃到婴儿 1 岁半为宜。

食用米粉一周后，就可以添加菜泥了。开始可以选用根茎类蔬菜，如胡萝卜泥、南瓜泥、豌豆泥等。由于胡萝卜素为脂溶性的，在油脂中维生素 A 吸收较好，可以先用一点油煸炒一下，然后蒸熟，再制成泥。菜泥适应了可以添加苹果泥。苹果用小勺直接刮泥，可以在午后喂一次。

以上食物适应以后可以添加肉糊，肉糊是蛋白质和铁、锌的最丰富来源，正因为如此，美国儿科学会推荐其为首选固体食物。一般家庭制作可选择在煮得很稀烂的面条、米粥里面放一些菜泥、肉泥。

从一种食物种类过渡到另一种食物种类的时间可以是 1~2 周。添加时要按从单一到多样的顺序进行，即便是同一种类食物也是如此。比如，初期一次只喂一种新的食物，以便判别此种食物是否能被宝宝接受。若宝宝产生不良反应如呕吐、腹泻等，应及时停止喂养，待症状消失后再从小量开始尝试，如果仍然出现同样的症状，应咨询医生，确认宝宝是否过敏。

辅食质地

应按由稀到稠，从流食、半流质，逐渐过渡到半固体、固体的顺序添加，从一种质地过渡到另一种质地。在刚开始添加辅食的时候，有的宝宝还没有长出牙齿，因此流质或泥糊状食物非常适合宝宝消化吸收。但不能长时间给宝宝吃这样的食物，因为这样会使宝宝错过发展咀嚼能力的关键期，可能导致宝宝在咀嚼食物方面产生障碍。

辅食数量

应按由少到多的顺序，一开始只吃半勺或 1 勺，然后逐渐增加。辅食应在宝宝饥饿的时候喂食，然后再吃母乳或配方奶。不要在两次奶之间添加辅食，以免影响下一次奶量。有的宝妈为了让宝宝吃上丰富的食品，在宝宝添加辅食后便减少母乳或其他乳类的摄入，这种做法不可取。因为宝宝在这个月龄，主要营养来源还是以母乳或配方奶粉为主，其他食品只能作为一种补充食品。所以，添加辅食后每日总奶量不要减少。

5. 怎样判断添加的辅食是否足够

宝宝吃完后不哭不闹，睡眠也很好；定期测量身高、体重、头围等，数据都在正常范围内——这就说明辅食添加得足够了。6 个月前每月带孩子体检 1 次，6 个月 ~1 岁可每两个月带孩子体检 1 次；1 岁后可以每三个月体检 1 次，直到入幼儿园。

6. 各类辅食添加的比例应该是多少

没有绝对要遵循的比例，可以灵活安排，尤其是 1 岁以内的婴儿，添加辅食的前提是每日奶量比较稳定，每日母乳或配方奶的总量为 600 毫升。谷类 20 克 ~ 75 克，蔬菜 25 克 ~ 100 克，水果 25 克 ~ 100 克，蛋黄 15 克或鸡蛋 15 克 ~50 克，鱼 / 禽 / 畜肉 25 克 ~ 75 克，且宝宝生长发育正常。

7. 如何让宝宝愉快进食

爸爸妈妈都很重视宝宝从辅食中摄取的营养成分，却往往忽视宝宝进食时情绪是否愉悦。在刚开始给宝宝喂辅食时，有些宝宝不适应新食物的口感，也不适应通过小勺进食，可能会选择拒绝，表示不愿吃。妈妈不要着急，给宝宝一段适应的时间，要循序渐进地诱导。有的宝宝在接受一种新食物时，最多在喂到第 7~15 次时才适应。所以，千万不可强迫宝宝进食，因为这会使宝宝产生挫折感，给日后的生活带来负面影响。另外，应在宝宝心情愉快和清醒的时候进食。

8. 宝宝辅食添加原则

宝宝辅食添加原则就是，由少到多、由稀到稠、由细到粗，循序渐进。爸爸妈妈一定要有耐心，不能强迫宝宝一下子就完全接受辅食，这样反而会适得其反，让宝宝更不喜欢辅食了。

1 **由单一到混合**

一种辅食应经过 5 ~ 7 天的适应期，再添加另一种食物，适应后再由一种食物到多种食物混合食用。第一种添加的辅食是米粉类，因为大米很少过敏。每种新的食物可能尝试多次才会被婴儿接受，如出现严重的消化不良应该暂停该种辅食，待恢复正常，再从开始的分量或更小量喂起。

2 由稀到稠

即从流质开始到半流质，再到固体。如刚开始添加米粉时可冲调得稀一些，使之更容易吞咽。

3 量由少到多，质地由细到粗

开始的食物量可能仅 1 勺，逐渐增多，使婴儿有一个适应过程。食物的质地开始时可先制成泥，以利吞咽；当乳牙萌出后，选择的食物可以适当粗一些和硬一点，以训练婴儿的咀嚼能力。

4 调整进食方式

当婴儿不愿意吃某种食品时，可以改变方式。例如，可以在婴儿口渴的时候给新的汤汁，在饥饿的时候给新的食品等。

5 天气炎热、宝宝患病时，暂缓添加辅食

天气炎热和婴儿患病时，应暂缓添加新品种。

6 因人而异，单独制作

婴儿的辅食要单独制作，不要加盐。添加的食物应注意食品安全和卫生。喂给婴儿的食物最好现吃现做，不要喂剩下的食物。

9. 如何过渡到半固体块状辅食

　　刚开始添加的块状食物，一定要小、软烂，可以给宝宝添加一些红薯、南瓜、米粥。这里最重要的是让宝宝能接受块状食物。如果宝宝不愿意接受时，妈妈要有耐心，不能操之过急，这是很正常的反应。每天都给宝宝试吃一次，爸爸妈妈也可以一起吃，且示范给宝宝看，宝宝就会慢慢地模仿，产生兴趣，逐渐地接受。

　　10个月以上的宝宝已经能够运用双手来抓握东西了，妈妈要抓住时机，训练宝宝自己进餐。开始给宝宝喂辅食时，可以专门准备一个勺子，鼓励宝宝自己进食，即使宝宝不太会用勺子进食，但也能起到练习抓握的目的。宝宝在这个阶段添加辅食时，往往会把衣服和餐桌周边弄得一团槽，这时妈妈不要去阻止，更不能训斥宝宝，这是宝宝学习吃饭本领的过程。另外，我们要让宝宝养成按时、固定吃饭地点的就餐意识。进餐时应将可能会引起宝宝注意的玩具、手机等收起来，电视要关掉，营造一个能让宝宝专心进餐的环境。

10. 什么时候可以开始吃固体食物

吃惯了流质食物的婴儿，虽长了几颗牙齿，也像是有了些咀嚼能力，但要吃固体食物，还应有个练习的过程。

让妈妈忐忑不安的是，什么时候才能让宝宝去学吃"硬"食物？妈妈担心固体食物吃早了，宝宝不消化，或者硬的食物卡住咽部发生意外；迟了，又担心不能摄入足够的营养，影响发育。宝宝在 10~12 个月时，就可以开始吃固体食物了。当然，在开始时可将固体食物弄成碎末，好让宝宝便于咀嚼。可以先吃去皮、去核的水果片和蒸过的蔬菜（如胡萝卜）等。

当宝宝已习惯吃这些"硬"食物后，便可以使食物的硬度"升级"，让他们尝试吃煮过的蔬菜，但应以无盐、无糖、少油为原则，以免增加宝宝的肠胃负担。

在让宝宝逐渐适应不同硬度食物的过程中，不可过高估计他们牙齿的切磨、舌头的搅拌，以及吞咽能力。因此，固体食物应切成半寸大小，太大时很容易阻塞咽喉。

硬壳食物，至少要等孩子到 4 ~ 5 岁时才适宜吃。试吃时，可以先分解成多份，以防"囫囵吞枣"，酿成意外。

12 个月大的宝宝，咀嚼能力有限，因此大人在为宝宝制作辅食时，应多注意烹调方式，不要添加调味品，应避免油炸食物。另外，食材本身不要太硬、太刺激或不容易咀嚼。

PART 2

6个月，
从流质辅食
到泥糊状辅食

宝宝从 6 个月开始就可以添加辅食了，初期可以添加一些流质的辅食，帮助宝宝过渡。

流质辅食

胡萝卜水

适合月龄
6 个月以上

材料

胡萝卜半根

做法

1. 胡萝卜洗净，去皮，切成小块。
2. 锅中注入适量清水烧开，倒入胡萝卜块煮软。
3. 关火盛出汤汁即可。

小心肝营养课堂

胡萝卜含有 β – 胡萝卜素，可以增强视网膜的感光能力。胡萝卜水颜色漂亮、味道自然香甜，是良好的辅食选择。

青菜汁

适合月龄
6 个月以上

用清水将青菜
洗净.

去掉青菜菜梗.
取菜叶.切碎待用.

青菜1小把

锅内加一小碗清水.
煮沸后将碎菜加入.
盖紧锅盖煮5分钟.

煮好后揭盖. 用汤勺按
压菜叶取汁.

将青菜汁取出装碗. 就可以给
宝宝喝啦!

甘蔗荸荠水

适合月龄
6 个月以上

材料

甘蔗 1 小节，荸荠 3 个

做法

1. 甘蔗去皮，洗净，剁成小段。
2. 荸荠洗净，去皮，去蒂，切成小块。
3. 锅中注入适量清水，放入荸荠块、甘蔗段。
4. 大火烧开后撇去浮沫。
5. 小火煮至荸荠全熟，关火盛出即可。

小·心肝营养课堂

食用荸荠可以锻炼宝宝牙齿骨骼的发育。

樱桃汁

适合月龄
6 个月以上

樱桃洗净、去蒂、去核。

熟透樱桃100 克

将处理好的樱桃放入锅中，加水，用小火煮15 分钟。

将煮好的樱桃捣烂，将汁倒入杯中凉凉。

完成！

白菜胡萝卜汁

适合月龄
6 个月以上

材料

白菜叶3片，胡萝卜半根

做法

1. 白菜叶放入清水中浸泡半小时，洗净，切成段。
2. 胡萝卜洗净，去皮，切成片。
3. 锅中注入适量清水，放入白菜叶、胡萝卜同煮至软后捞出。
4. 取榨汁机，放入煮软的食材，取适量汤汁，榨取汁水。
5. 断电，过滤出白菜胡萝卜汁即可。

小·心肝营养课堂

白菜和胡萝卜都能很好地补充宝宝需要的维生素。

苹果胡萝卜汁

适合月龄
6个月以上

胡萝卜1根. 苹果半个

胡萝卜和苹果分别洗净切丁. 放入锅中. 加水煮10分钟至食材软烂.

将胡萝卜丁和苹果丁捞起. 用清洁纱布包裹取汁.

滤掉渣滓. 将汁水装瓶后即可饮用.

生菜苹果汁

适合月龄
6 个月以上

材料

生菜半颗，苹果 1 个

做法

1. 将生菜洗净，切成段，放入沸水中焯烫片刻后捞出。
2. 苹果去皮，洗净，去核，切成小块。
3. 取榨汁机，倒入苹果块和生菜段。
4. 加入适量温开水，榨取汁水。
5. 断电，过滤出汁水即可。

小·心肝营养课堂

苹果不易引起宝宝过敏，添加辅食可以从苹果汁开始。

南瓜汁

适合月龄
6个月以上

南瓜洗净去皮切块。

将南瓜放入蒸锅中蒸熟，水烧开后蒸10分钟左右。

南瓜1块

将蒸好后的南瓜取出来，用勺子压成泥状。

南瓜泥中加入适量开水稀释，用滤网过滤掉南瓜渣，滤出香甜的南瓜汁。

南瓜汁就做好啦！

猕猴桃汁

适合月龄
6 个月以上

材料

猕猴桃 100 克

做法

1. 猕猴桃果肉切小块。
2. 取备好的榨汁机，放入切好的猕猴桃。
3. 注入适量温开水，盖好盖子。
4. 选择"榨汁"功能，榨出果汁即成。

小·心肝营养课堂

猕猴桃营养价值丰富，味道酸甜可口，很适合宝宝食用。

葡萄柚子汁

适合月龄
6 个月以上

葡萄、柚子洗净

柚子20 克.葡萄30 克.
水适量

葡萄去皮、去籽.

柚子剥皮、掰开. 取出果粒

将柚子和葡萄榨成汁. 将榨好
的果汁用网过滤一下即可.

泥糊状辅食

青菜泥

适合月龄
6 个月以上

材料

青菜 50 克

做法

1. 将青菜择洗干净，切碎。
2. 锅中注入适量清水煮沸，倒入青菜碎。
3. 煮 5 分钟后捞出。
4. 用勺将青菜碎末捣成泥，盛入碗中即可。

小·心肝营养课堂

青菜含有丰富的维生素和矿物质，能补充宝宝身体发育所需，增强免疫力。

豌豆糊

适合月龄
6 个月以上

豌豆 10 粒　肉汤 2 大勺

将豌豆洗净，放入沸水中
煮烂。

取出煮烂的豌豆捣碎，过
滤后与肉汤一起搅匀。

完成！

香梨泥

适合月龄
6 个月以上

材料

香梨 150 克

做法

1. 洗好的香梨去皮，切开，去核，再切成小块。
2. 取榨汁机，选择搅拌刀座组合。
3. 倒入切好的香梨。
4. 盖上盖，选择"榨汁"功能，榨取果泥。
5. 将榨好的果泥倒入碗中即可。

苹果紫甘蓝奶昔

适合月龄
6个月以上

苹果1个，紫甘蓝1片，配方奶
100毫升，三文鱼300克

苹果和紫甘蓝切小块，分别在热水中焯一下。

然后捞出，留着备用。

所有食材和配方奶一起倒入
辅食机中搅拌即可。

准备给宝宝吃的时候，可以用
米粉混合当早餐。

荤素搭配泥

适合月龄
6 个月以上

材料

南瓜 100 克，鸡胸肉 50 克，紫甘蓝 60 克，胡萝卜 100 克

做法

1. 将南瓜洗干净，去皮，切成条。

2. 将紫甘蓝洗干净切碎。

3. 将鸡胸肉洗干净，切碎。

4. 将胡萝卜洗干净，切成片。

5. 往辅食机里加入适量的水。

6. 将切好的紫甘蓝和胡萝卜分别倒入辅食机内，蒸熟。

7. 将蒸熟的紫甘蓝和胡萝卜打成泥。

8. 将打好的蔬菜泥盛出，装入碗中（图1）。

9. 将辅食机清洗一下，重新加入适量水。

10. 把切好的鸡胸肉倒入辅食机中（图2）。

11. 加入南瓜一起打成泥，再加入之前打好的蔬菜泥混合均匀，营养又美味的泥糊就完成啦（图3）！

扫码看视频
轻松做美食

小·心肝营养课堂

◆荤素搭配的食物可以促进宝宝对维生素和蛋白质的吸收。

◆荤素搭配的食物还能预防宝宝肥胖、营养不良、免疫力低下等问题，为宝宝的成长发育提供均衡的能量，避免宝宝养成偏食的习惯。

番茄泥

材料

番茄半个

做法

1.番茄洗净，用开水烫一下，去掉外皮。

2.取半个番茄，切成小块。

3.取搅拌机，倒入番茄块制成泥即可。

小·心肝营养课堂

番茄含有丰富的维生素，酸甜的口感宝宝大多都很喜欢吃。

香蕉粥

适合月龄
6个月以上

香蕉1根，奶粉2勺

将香蕉刮成泥放入锅中，加清水煮。

边煮边搅拌，成为香蕉糊。

奶粉中调好，待香蕉糊微凉后倒入，搅拌均匀。

完成！

南瓜羹

适合月龄
6 个月以上

材料

南瓜 50 克，高汤适量

做法

1. 南瓜洗净去皮，切成小块。
2. 锅置火上，倒入高汤、南瓜。
3. 边煮边将南瓜捣碎，煮至软烂。
4. 关火盛出即可。

小心肝营养课堂

南瓜所含的 β – 胡萝卜素对促进宝宝的生长发育具有重要意义。

鸡汤南瓜泥

适合月龄
6个月以上

将鸡胸肉放入开水中略焯一
下，然后将鸡胸肉剁成泥，放
入锅中，加入一大碗水炖煮。

鸡胸肉1块，
南瓜1小块。

将南瓜洗净去皮，放
入另外的锅内蒸熟，
用勺子碾成泥。

当鸡肉汤熬成一小碗的时候，用消
过毒的过滤网将鸡肉颗粒过滤掉。

将鸡汤倒入南瓜泥中，再稍煮
片刻即可。

草莓土豆泥

适合月龄
6 个月以上

材料

草莓 50 克，土豆 200 克

做法

1. 土豆去皮、洗净，切成薄片。

2. 锅置火上，注入适量清水，加土豆煮至熟软，捞出沥干。

3. 草莓洗净、去蒂，放入保鲜袋，压成草莓酱。土豆压成泥。

4. 取大碗，放入土豆泥、一半草莓酱搅拌均匀。

5. 淋入剩余草莓酱即可。

芋头玉米泥

适合月龄
6 个月以上

芋头1个，嫩玉米1根

芋头洗净去皮，切成小块，
放入锅内加清水煮熟。

剥出玉米粒洗净、煮熟，
放入搅拌机中搅拌成玉
米泥。

将芋头碾成泥，和玉米
泥搅拌在一起即可。

完成！

鲜红薯泥

 适合月龄
6 个月以上

材料

红薯 50 克

做法

1. 红薯洗净去皮，切成小块。

2. 锅中注入适量清水烧沸，倒入红薯块。

3. 大火煮开后转小火，煮至红薯熟软。

4. 边煮边用勺子压成泥。

5. 关火，盛出即可。

小·心肝营养课堂

红薯含有丰富的膳食纤维，能有效预防和缓解宝宝便秘。

红枣泥

适合月龄
6个月以上

红枣洗干净，清水
浸泡10分钟。

泡好后去掉枣核，并在辅
食机中加水把枣蒸熟。

红枣2～3枚

准备一个空碗装红枣，蒸
好的红枣可以过一下水，
以免烫手。

煮好的红枣去掉外层的
枣皮，留下枣肉备用。

然后用辅食机加温水，把红枣
肉打成泥就完成啦。

苹果桂花羹

 适合月龄
6 个月以上

材料

苹果1个，桂花适量，米粉适量

做法

1. 苹果洗净，去皮，去核，切成小块。
2. 取榨汁机，倒入苹果、适量温水榨汁，去渣取汁。
3. 将苹果汁倒入锅中煮沸，倒入米粉，边煮边搅拌。
4. 搅匀成羹，倒入桂花，略煮即可。

小心肝营养课堂

苹果富含有机酸，可以刺激消化液的分泌，提升宝宝的消化功能。

牛奶红薯泥

适合月龄
6 个月以上

将红薯洗净去皮。

红薯 1 块. 配方奶
粉 2 勺

把红薯在蒸锅中蒸熟.
用勺子碾成泥.

奶粉中调好后倒入红薯泥中.
调匀即可.

完成!

菠菜牛奶碎米糊

适合月龄
6 个月以上

材料

菠菜 80 克，配方奶 100 毫升，大米 65 克

做法

1. 锅中加水烧开，放入菠菜，煮至熟软，捞出倒入搅拌机内搅碎。

2. 大米放入干磨杯中，将大米磨成米碎。

3. 锅置火上，加入配方奶、米碎，倒入菠菜泥，用中火煮沸。

4. 用勺子持续搅拌，直至煮成浓稠的米糊。

5. 搅拌均匀，关火，将煮好的米糊盛出，装入碗中即可。

绿豆汤

适合月龄
6 个月以上

绿豆 150 克

绿豆洗净，用热水泡 40 分
钟左右，然后沥干水分。

把绿豆放入锅中，加入适量水，
大火烧开。

再加适量热水，煮 20 分钟，撇去浮在水面上的壳，
继续煮 25 分钟至绿豆软烂，汤汁变浓稠。

装碗即可。

酸奶香米粥

适合月龄
6 个月以上

材料

香米 50 克，酸奶 50 毫升

做法

1. 将香米放入干磨杯中，磨成米碎。
2. 将香米碎淘洗干净。
3. 锅置火上，放入香米碎和适量清水，大火煮沸，转小火熬成烂粥即可关火。
4. 待粥凉至温热后加入酸奶搅匀即可。

小·心肝营养课堂

一定要等粥完全凉温后再放入酸奶，以免破坏乳酸菌。

饼干粥

适合月龄
6 个月以上

将大米淘洗干净，
放入清水中浸泡1小
时，备用。

大米15克，婴儿专
用饼干2块

将饼干捣碎，备用。

锅中放入大米和适量清水，先
用大火煮沸，然后转小火熬成
稀粥。

把捣碎的饼干放入粥中，稍
煮片刻即可。

好吃的饼干粥就做好啦!

PART 3

7~8个月，
蠕嚼型辅食

此阶段的宝宝已经适应了所添加的辅食，并想要尝试更多的辅食，这个时候可以适当添加一些让宝宝自己咀嚼的食物。

水果小·米露

适合月龄
7 个月以上

🔬 **材料**

小米 100 克，配方奶 100 毫升，木瓜半个，猕猴桃 1 个，蓝莓、面粉各适量

做法

1. 小米浸泡 1 小时，放入锅中煮 5 分钟。

2. 将煮好的小米捞出，沥干水备用。

3. 把沥干水的小米倒在备好的碗里，少量多次加入面粉并快速拌匀。

4. 锅里放入清水，烧开后倒入拌好的小米，一边倒一边搅拌（图 1）。

5. 小米倒入锅中煮 5 分钟，中途要不时搅拌，且不要盖上锅盖。

6. 将洗净的猕猴桃切成小块（图 2）。

7. 将木瓜切成小块，用勺子刮出小块（图 3）。

8. 煮好的小米露过凉水，静置 2 分钟。

9. 把过了凉水的小米捞出，倒进碗里，然后放入木瓜、猕猴桃和洗净的蓝莓。

10. 倒入适量的配方奶就可以吃了。

扫码看视频
轻松做美食

小·心肝营养课堂

◆水果可以根据宝宝的喜好适量添加。

◆对于大一些的宝宝，可以添加少量的蜂蜜调味。

南瓜牛肉汤

适合月龄
7个月以上

材料

南瓜 100 克，牛肉 30 克

做法

1. 将南瓜去皮洗净，切成丁。
2. 牛肉洗净，切成粒，汆水后捞出。
3. 锅中注入适量清水烧沸，倒入牛肉丁。
4. 煮沸后转小火煲 1 小时。
5. 放入南瓜丁，煮熟即可。

小心肝营养课堂

烹制此汤时可加入少许奶酪，营养会更丰富。

鱼肉蛋花粥

适合月龄
7个月以上

米饭半碗. 鱼肉10克.
蛋黄半个

把米饭放入锅中.
加水煮烂.

鱼肉洗净. 放入锅中.

蛋黄打散. 倒入锅中煮熟.

完成!

肉松鸡蛋羹

 适合月龄
7 个月以上

材料

鸡蛋 1 个（只取蛋黄），肉松 10 克，葱花少许

做法

1. 取碗，打入鸡蛋。

2. 将鸡蛋打成蛋液，加入适量清水。

3. 封上保鲜膜，放入蒸锅，加盖，用大火蒸 10 分钟成蛋羹。

4. 揭盖，用夹子取出蒸好的蛋羹。

5. 撕开保鲜膜，在蛋羹上放上肉松、撒上葱花即可。

小·心肝营养课堂

◆烹制时可将清水换成高汤，味道会更美好哦。

◆ 1 岁以内的宝宝不要加蛋白。

◆在蒸煮过程中把握时间和火候，不要蒸太久，且量不宜过多，防止宝宝吃多了上火。

苹果红薯粥

适合月龄
7个月以上

苹果去皮、去核、
切块.红薯去皮、
切块.一起进蒸
锅蒸熟.

苹果1个.红薯1个.
大米适量

将大米洗干净.加入清水.
在锅中熬煮.

取出蒸熟的苹果和红薯.放入器
皿中.用料理棒打成泥.苹果红
薯泥就做好啦.

等粥熬好.把苹果红薯泥放入
粥中一起搅拌.苹果红薯粥就
做好啦.

鲫鱼豆腐汤

适合月龄
7 个月以上

材料

鲫鱼 1 条，豆腐 200 克，小葱、香菜、姜、核桃油各适量

做法

1. 鲫鱼去除内脏和鱼鳞，清洗干净备用。

2. 小葱切成末，姜切成条（图1）。

3. 锅烧热，入油，放入处理干净的鲫鱼。

4. 煎至两面金黄，捞出放一边备用（图2）。

5. 锅中放入葱、姜爆香，再放入鲫鱼。

6. 加水没过鱼头，喜欢喝汤的可以多放一些水。

7. 大火煮开后转小火炖煮40分钟左右。

8. 煮至鱼汤呈奶白色即可出锅。

9. 用细滤网过滤出鱼汤，防止鱼刺扎到宝宝。

10. 过滤好的汤汁重新倒回锅中备用。

11. 豆腐切成小块，放入锅中一起炖煮，小火炖煮5分钟（图3）。

12. 把汤盛入碗中，放入少量香菜即可。

小·心肝营养课堂

扫码看视频
轻松做美食

◆挑选鱼肚子处的肉放到小碗里，用叉子仔细地挑出鱼刺，和豆腐一起压成泥后即可给宝宝喂食。汤如果喝不完还可以盛出放冰箱里，留着下顿给宝宝煮面条或煮粥吃。

◆此辅食营养丰富，口味清淡鲜美，是宝宝上佳的营养美食。

鸡汤碎面

材料

儿童面 50 克，鸡汤适量

做法

1. 锅中倒入适量鸡汤煮沸。
2. 放入儿童面。
3. 小火煮至面条熟软。
4. 关火盛出即可。

小心肝营养课堂

鸡汤与面条一起，不仅味道鲜美，还能很好地帮助吸收营养。妈妈还可根据宝宝的食量增加蔬菜碎、肉末等食材。

牛奶蛋黄米汤粥

适合月龄
7个月以上

米汤半碗. 奶粉2勺.
蛋黄1/3个

在煮大米粥时. 将上面
的米汤盛出半碗.

鸡蛋煮熟. 取蛋
黄1/3个研磨成泥.

将奶粉中调好放入蛋黄.
米汤. 调匀即可.

等粥熬好. 把蛋黄米汤放入粥
中一起搅拌. 牛奶蛋黄米汤粥
就完成啦

芹菜小·米粥

适合月龄
7个月以上

小米50克，芹菜30克

小米洗净，加水放入锅中，
熬煮成粥。

芹菜洗净，切成丁。在小米
粥熟时放入，再煮3分钟即可。

完成！

番茄芋头紫薯蛋羹

适合月龄
7个月以上

紫薯、番茄和芋头
分别切块，放入辅
食机中蒸熟。

紫薯1个、番茄1个、
芋头半个、鸡蛋黄1个

将蒸熟的食材
搅打成泥。

鸡蛋只取蛋黄，
并加水搅拌均匀。

多余的菜泥可以储存在
保鲜盒中冷冻。

将所有食材一起放入辅食机
中蒸熟。

完成！

鳕鱼薯泥

适合月龄
7 个月以上

材料

土豆1个，鳕鱼60克

👣 做法

1. 土豆洗净去皮，切成条状，上锅蒸熟（图1）。

2. 烧一锅热水，鳕鱼去皮，放入锅里煮熟。

3. 把煮熟的鳕鱼用勺子碾成泥（图2）。

4. 蒸熟的土豆也碾成泥。

5. 把土豆泥和鳕鱼泥倒入碗中，混合均匀。

6. 用心形的模具把混合好的泥定型（图3）。

7. 用水果和蔬菜装饰一下，这样一道营养美味的鳕鱼薯泥就做好了。

🐄 小心肝营养课堂

如何辨别鳕鱼的真假？

◆看外形

油鱼肉（别称"仿鳕鱼"）切片狭长，纤维粗糙、肉色较暗淡，水分大，化冻后肉质松弛；而银鳕鱼切片较大，肉质细腻、肉纤维细小紧致、肉色洁白，肉上面没有特别粗且明显的红线。

◆看口感

银鳕鱼口感滑嫩，有奶香味；油鱼熟了会缩水，肉质较硬，有肉香味，而且口感很粗糙。

扫码看视频
轻松做美食

鲜玉米糊

适合月龄
7个月以上

将玉米煮熟，选取其中一段，用刀将玉米粒切下来并将玉米粒放入容器中，捣碎并搅拌成浆。

鲜玉米1截，配方奶粉2勺，蛋黄半个

用纱布将玉米汁过滤。

加入半个蛋黄和两汤匙配方奶，调成泥糊状即可。

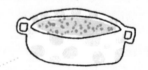

完成！

水果麦片粥

适合月龄
7 个月以上

材料

麦片 80 克，配方奶 100 毫升，苹果 1 个

做法

1. 苹果洗净去皮，去核，切成小丁。

2. 锅中注入适量清水烧沸，倒入麦片、苹果煮约 2 分钟。

3. 倒入配方奶，小火煮沸。

4. 关火盛出即可。

小·心肝营养课堂

待麦片微凉后再倒入配方奶，以免破坏蛋白质。

猪肝菜泥粥

适合月龄
7个月以上

鲜猪肝放入清水中浸泡1小时，途中要换几次水，将血水泡出来。

新鲜猪肝1块，西蓝花1朵，大米适量

猪肝浸泡好后拿出切片，上锅蒸10分钟左右。

蒸好的猪肝放入碗中研磨成泥。

西蓝花洗净，剁碎。

大米入锅，加入清水，用小火慢熬成粥。

加入猪肝泥和碎西蓝花，一起熬煮片刻即可。

青菜碎面

适合月龄
7 个月以上

材料

青菜 20 克，儿童面 50 克

做法

1.青菜洗净，切成小段。

2.锅中注入适量清水烧沸，下入儿童面。

3.小火煮至面条半熟，下入青菜。

4.续煮至面条熟烂、青菜熟透。

5.关火盛出即可。

小心肝营养课堂

　　这个年龄段的宝宝不能只吃精米，要多变换主食种类，碎面就是很好的选择。

番茄红薯泥

适合月龄
7个月以上

红薯100克. 番茄100克

番茄去皮、去籽.

红薯去皮切成块.
放入锅中蒸熟.

把番茄和蒸好的红薯块放
入辅食机中打成泥.

完成!

鸡毛菜面

适合月龄
7 个月以上

材料

鸡毛菜 40 克，儿童面 20 克

做法

1. 将鸡毛菜择洗干净，放入沸水锅中焯熟，捞出沥干。
2. 将鸡毛菜切成碎末。
3. 锅中注入适量清水烧沸，放入碎面条煮熟。
4. 关火后将面条盛出。
5. 加入适量鸡毛菜碎末即可。

小·心肝营养课堂

鸡毛菜不要切得太碎，这个月龄的宝宝要逐步学会自己咀嚼食物。

蛋黄豆腐羹

适合月龄
7 个月以上

材料

小油菜 2 棵，煮熟的鸡蛋 1 个，嫩豆腐 1 小块

做法

1. 豆腐切块，放入锅中煮熟。
2. 小油菜清洗干净，放入锅中焯水。
3. 将焯熟的小油菜捞出，切碎备用（图1）。
4. 豆腐和小油菜碎一起放入大碗中捏碎混合成泥状，捏成方形。
5. 鸡蛋剥壳，取出蛋黄，用勺子碾成蛋黄泥。
6. 将方形豆腐菜泥放入盘中（图2）。
7. 撒上蛋黄泥，放入蒸锅蒸10分钟即可（图3）。

小·心肝营养课堂

◆婴幼儿正处于迅速生长发育的时期，需要营养丰富的完全蛋白质食物，鸡蛋是天然食物中含优良蛋白质的食品之一。

◆这个时期的宝宝咀嚼功能正在发育，单纯给流质和泥状食物已经不能满足宝宝的咀嚼训练需求，需要逐渐添加颗粒状且易咀嚼的食物。豆腐软滑细嫩，含有丰富的大豆蛋白，非常适合这个时期的宝宝食用。

◆1岁以内的宝宝不适合吃蛋清，单纯添加蛋黄作为辅食又显得饮食单调，加上豆腐会让宝宝的口感更加丰富一些。

扫码看视频
轻松做美食

海陆双鲜粥

适合月龄
7 个月以上

材料

龙利鱼 30 克，新鲜香菇 1 朵，豆腐 1 小块，胡萝卜 1/3 根，菠菜 1 棵，大米适量

做法

1. 所有食材洗净备用，香菇去蒂，胡萝卜去皮。

2. 豆腐切丁，菠菜切丁，香菇切丁，胡萝卜切丁，龙利鱼剁成泥。

3. 锅中倒水烧开，加入洗净的大米熬煮。

4. 在熬煮大米的过程中锅内先放胡萝卜和香菇，接着放龙利鱼泥。

5. 煮开后放入豆腐、菠菜。

6. 小火继续煮至黏稠即可。

红豆稀饭

适合月龄
7 个月以上

红豆15克，大米30克

将红豆放入水中，浸泡一整晚。

将红豆和大米分别洗净。

将洗净后的红豆和大米放进电饭锅，加入清水，煮成粥。

完成！

蔬菜汤

适合月龄
7个月以上

将黄豆芽洗净沥
干水，洋葱去皮
洗净、切成丁，
胡萝卜洗净、削
皮、切成丁。

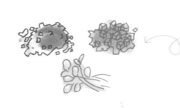

番茄30克、土豆30克、
洋葱30克、胡萝卜半根、
黄豆芽50克、圆白菜50克、
高汤100克

将圆白菜洗净、切成丝；番茄、
土豆分别洗净去皮、切成丁。

将高汤加水煮沸，放入准备好的食
材，大火煮沸后转小火慢慢熬煮，
熬至汤变浓稠。

完成！

胡萝卜鳕鱼粥

适合月龄
8 个月以上

鳕鱼30 克，胡萝卜 10 克，
粥半碗

将胡萝卜洗净，去皮，
切小丁。

鳕鱼洗净，切小丁。

将胡萝卜丁、鳕鱼丁与粥混合煮软，
搅成糊状。

完成！

橙香鳕鱼

适合月龄
8 个月以上

材料

甜橙 1 个，鳕鱼 100 克

做法

1. 鳕鱼去皮切片，备用。
2. 橙子去皮切块，榨成橙汁。
3. 鳕鱼在平底锅中煎熟。
4. 将橙汁淋在煎好的鳕鱼片上即可。

小·心肝营养课堂

鳕鱼蛋白质含量非常高，脂肪含量极低（少于 0.5%），对于宝宝来说比较容易吸收。

小·米百合蛋黄粥

适合月龄
8 个月以上

鸡蛋1个，小米、百
合各适量

百合提前浸泡半
小时，将鸡蛋带
壳煮熟备用。

百合泡好后剥开
洗干净，小米也
要淘洗干净。

锅中放入适量的水，加入小米，
大火煮开，再转小火煮30分钟并
不时搅拌，随后加入百合片，继
续熬煮。

煮熟的鸡蛋，只取蛋黄，把蛋
黄放入煮好的小米百合粥中，
搅碎成泥，即可出锅。

番茄海鲜汤

适合月龄
8 个月以上

材料

白洋葱 1 片，番茄 1 个，宝宝芝士 2 片，淀粉 5 克，扇贝肉、核桃油各适量

做法

1. 清水入锅烧沸，用刀在番茄顶端画十字。

2. 开水烫掉番茄表皮，将番茄肉切丁（图1）。

3. 洋葱切小丁（图2）。

4. 另取一锅，放入适量核桃油。

5. 先放洋葱碎，再放入番茄丁，翻炒片刻（图3）。

6. 加入没过食材的水，加入少许淀粉搅拌均匀。

7. 加入扇贝肉，再放入芝士，小火炖煮15分钟左右。

扫码看视频
轻松做美食

小心肝营养课堂

　　对于海鲜，首先要检查是否新鲜，有无变质或者带有病菌，也要提前查一下宝宝是否对海鲜过敏。

番茄牛肉汤

适合月龄
8个月以上

材料

胡萝卜1根，牛肉30克，洋葱1片，番茄1个，土豆1个，核桃油适量

🦶 做法

1. 土豆洗净去皮，切成小丁（图1）。

2. 胡萝卜洗净去皮切丁。

3. 番茄顶部画十字，用开水烫去表皮后切块（图2）。

4. 洋葱洗净切丁，牛肉切小块。

5. 牛肉放入锅中，用开水焯一下捞出（图3）。

6. 热锅倒入适量核桃油，放入番茄丁，翻炒碾碎。

7. 加入胡萝卜丁和土豆丁继续翻炒。

8. 放入洋葱碎和牛肉块，倒入热水没过食材。

9. 开大火煮沸后改小火炖煮3小时。

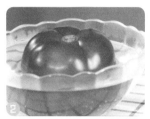

扫码看视频
轻松做美食

🐷 小心肝营养课堂

　　牛肉的营养毋庸置疑，牛肉和番茄也是老搭档，在挑选牛肉的时候，家长要注意查看是否新鲜，是否检疫合格。

鳕鱼鸡蛋羹

适合月龄
8个月以上

鳕鱼 100 克，洋葱 50 克，鸡蛋 1 个

做法

1. 取一个洋葱圈，切成碎末（图1）。

2. 鳕鱼去鳍、去皮、去刺，并剁成泥。

3. 取碗，打入鸡蛋，搅匀。

4. 将洋葱和鳕鱼倒入鸡蛋液中，进行搅拌（图2）。

5. 将搅拌好的鸡蛋液放入蒸锅中，蒸10分钟（图3）。

6. 白嫩嫩的鳕鱼鸡蛋羹就完成啦！

小心肝营养课堂

◆鳕鱼是深海鱼，富含蛋白质、钙等营养物质。

◆妈妈要注意自己的小宝宝是否对鳕鱼过敏，一般来说，宝宝在1岁以后开始少量进食海产品，过敏的危险性要比1岁以前进食低。而对于过敏体质的宝宝来说，妈妈最好带他检查清楚，了解容易造成宝宝过敏的过敏源，然后在平时多加注意。

◆洋葱是天然的调味剂，加入鱼肉和鸡蛋中，可以让鳕鱼鸡蛋羹更加香嫩可口。如果宝宝实在不喜欢洋葱的味道，可以不加。

扫码看视频
轻松做美食

水果藕粉羹

适合月龄
8 个月以上

材料

水蜜桃 1 个，枙果 1 个，藕粉 1 小袋，蓝莓适量

做法

1. 水蜜桃洗干净，去桃皮，切成小块备用（图1）。

2. 杧果洗干净，先切下 1/3 部分，放在手心中，用小刀划成小块，并沿着皮切下来（图2）。

3. 准备好一杯冷水，一杯热水，备用。

4. 将藕粉倒入一个空的大碗中，先加入冷水，把藕粉搅成糊状（图3）。

5. 然后加入热水，搅出微红色软水晶状。

6. 烧一锅热水，将搅好的水晶状藕粉倒入热水中。

7. 要不停地搅拌锅中的藕粉，然后逐渐放入切好的水果块和洗好的蓝莓。

8. 煮一会儿后关火凉凉，一碗味道佳、口感丰富的水果藕粉羹就完成啦！

小·心肝营养课堂

◆制作这款辅食时，还可以添加宝宝喜欢的其他水果，水果煮的时间不宜过长，以免影响口感。给宝宝吃藕粉时尽量选择无糖型的藕粉。

◆如果担心水果加热后会破坏维生素C，我们也可以等藕粉冷却一会儿再加入水果，搅拌均匀后就可以食用了，不过味道没有一起煮过的好吃。

扫码看视频
轻松做美食

三文鱼蔬菜面

适合月龄
8 个月以上

材料

三文鱼 75 克，宝宝面条 1 捆，西蓝花 75 克，柠檬 1 个

做法

1. 西蓝花洗净，放入水中浸泡 10 分钟。

2. 三文鱼去皮，切成片（图 1）。

3. 在鱼片上挤一些柠檬汁，去掉腥味。

4. 把腌好的三文鱼和泡好的西蓝花分别放入辅食机中蒸熟（图 2）。

5. 蒸熟后，用辅食机将三文鱼和西蓝花打碎。

6. 将宝宝面条放入开水中煮软后捞出（图 3）。

7. 混入刚才做好的三文鱼蔬菜泥。

8. 营养美味的三文鱼蔬菜面就做好啦！

小·心肝营养课堂

　　因为宝宝的消化功能相对较弱，一定要把面条煮得软烂一些，宝宝才容易消化吸收。

PART 4

9 ~ 10个月，
细嚼型辅食

此阶段的宝宝咀嚼功能逐渐增强，之前的粗放型辅食已经满足不了宝宝的咀嚼需求，现在可以适当添加一些需要细嚼慢咽的辅食了。

三文鱼时蔬粥

适合月龄
9个月以上

材料

三文鱼1小块，胡萝卜1根，西蓝花3朵，土豆1个，干香菇5朵，大米、核桃油各适量

👣 做法

1. 胡萝卜、土豆去皮洗干净，切块；同时洗干净大米，浸泡备用（图1）。

2. 烧一锅热水将洗净的小朵西蓝花焯熟，然后过冷水，切碎（图2）。

3. 将小块三文鱼切薄片，过热水焯一下（图3）。

4. 拿出事先经过自然晾晒好的干香菇放入辅食机中，研磨打碎，并用筛网筛出细粉末备用（图4）。

扫码看视频
轻松做美食

5. 热锅，放入少量核桃油，将切好的胡萝卜和土豆翻炒出香味，把炒过的胡萝卜、土豆和大米一起放入锅中，放入适量水一起熬煮（图5）。

6. 文火慢煮，煮沸后放入三文鱼片、西蓝花碎末搅拌（图6）。

7. 煮好后盛入碗中，撒上干香菇粉即可（图7）。

🐻 小·心肝营养课堂

　　三文鱼富含维生素，且胆固醇含量低，所含 DHA，对人脑部、眼部、神经系统、防疫系统的发育都有很好的促进作用，有助于宝宝生长发育。

鳕鱼蔬菜蛋卷

适合月龄
9个月以上

材料

鳕鱼75克，柠檬半个，鸡蛋1个，菠菜1棵，胡萝卜1根

做法

1. 鳕鱼洗干净，去掉鱼皮，再将鱼切成小块。

2. 用柠檬将鱼块腌渍 15 分钟，去腥。

3. 胡萝卜洗净，去皮，切条（图1）。

4. 菠菜洗净，切碎。

5. 把鳕鱼和胡萝卜放入辅食机一起碾碎。

6. 拌入菠菜叶，搅拌均匀，备用（图2）。

7. 把鸡蛋打入碗中，搅拌均匀。

8. 在蛋液中加入适量水淀粉，继续搅拌。

9. 将搅拌好的鸡蛋液倒入锅中，摊成鸡蛋饼皮。

10. 摊好的鸡蛋饼皮平放在干净的案板上，将刚才搅拌好的鳕鱼蔬菜泥均匀地涂在蛋皮上（图3）。

11. 将涂好的鸡蛋皮卷成条状，然后放入锅中蒸 15 分钟，拿出来稍稍凉一下，切成小块。

12. 补脑又好吃的鳕鱼蔬菜蛋卷就做好啦!

扫码看视频
轻松做美食

小·心肝营养课堂

为方便宝宝食用，可以把蛋卷卷得小一点或者切成小块。

丝瓜蛋花汤

适合月龄
9 个月以上

 材料

丝瓜 1 根，虾皮 10 克，鸡蛋 1 个，冷冻骨头汤 30 克，葱花少许

🦶 做法

1. 丝瓜去皮切片（图1）。

2. 鸡蛋取蛋黄，打散（图2）。

3. 锅内倒入适量清水烧开，放入骨头汤慢慢熬煮。

4. 放入虾皮，煮出鲜味。

5. 放入丝瓜片，继续炖煮。

6. 淋入打散的蛋液，稍煮片刻。

7. 撒入葱花，关火起锅即可（图3）。

扫码看视频
轻松做美食

🐻 小·心肝营养课堂

◆丝瓜蛋花汤是一道传统的家常菜。丝瓜富含钙、磷、铁及维生素 B_1、维生素 C 等营养物质，对宝宝的生长发育很有帮助。并且丝瓜还有清热解暑的功效，对于宝宝胃食积热有很好的缓解作用。

◆在做丝瓜蛋花汤的时候，丝瓜不要煮得太老，否则丝瓜颜色会变成灰绿色，一些不耐高温的营养物质也会被破坏。

金银南瓜盅

适合月龄
9个月以上

🥄 材料

鳕鱼30克，洋葱1片，柠檬半个，小南瓜1个，香菇2朵，泡发银耳5克，
配方奶、核桃油、黑胡椒各适量

🐾 做法

1. 南瓜去籽，剥出南瓜肉，留壳待用（图1）。

2. 香菇切碎，洋葱切碎备用。

3. 鳕鱼去皮，切块，挤入柠檬汁去腥。

4. 撒上黑胡椒粉腌制10分钟（图2）。

5. 锅内倒入适量核桃油，依次放入洋葱碎、香菇碎和鳕鱼块，煸炒片刻。

6. 倒入南瓜肉继续煸炒。

7. 倒入1碗清水，炖煮片刻。

8. 将煮好的食材倒入南瓜壳内，倒入1杯配方奶，放入银耳。

9. 将整个南瓜壳放入蒸笼，大火蒸30分钟（图3）。

10. 蒸好后取出，揭开盖子，稍微放凉之后就可以给宝宝吃啦！

扫码看视频
轻松做美食

🐻 小心肝营养课堂

南瓜的营养价值很高，而且味道甜美，对于还不适合添加调味料的宝宝而言，南瓜是天然的调味品。

绿豆莲子粥

适合月龄
9个月以上

材料

绿豆 50 克，莲子 20 克

做法

1. 将绿豆、莲子洗净，用清水浸泡 30 分钟。
2. 锅中注入适量清水烧沸，倒入绿豆、莲子同煮。
3. 加盖，大火煮沸后转小火煮至熟软。
4. 揭盖，搅拌均匀。
5. 关火盛出即可。

小·心肝营养课堂

　　绿豆、莲子均具有清热解毒、养心安神的功效，能促进宝宝健康成长。

面包布丁

适合月龄
9 个月以上

面包30克，鸡蛋1个（只
取蛋黄），配方奶100 毫升，
植物油少许

鸡蛋打到碗中，搅成蛋液。

面包切成小块，与配方奶、
鸡蛋液混合均匀。

在碗内涂上植物油，再把
混合好的面包倒入碗内。

将碗放入蒸锅内，用中火蒸约
8分钟即可。

枸杞粳米粥

适合月龄
9 个月以上

材料

枸杞 10 克，粳米 50 克

做法

1. 枸杞洗净，粳米淘洗干净。
2. 锅中注入适量清水烧沸，放入粳米，大火煮沸后转小火煮熟。
3. 倒入枸杞，搅拌均匀。
4. 小火煮至枸杞熟软。
5. 关火盛出即可。

小心肝营养课堂

枸杞补益心脾，适合宝宝夏天食用，缓解燥热天气带来的不适。

法式菠菜吐司

适合月龄
9 个月以上

全麦吐司 2 片，鸡蛋黄 1 个，
菠菜适量

菠菜洗净，用开水焯一下
打成泥。

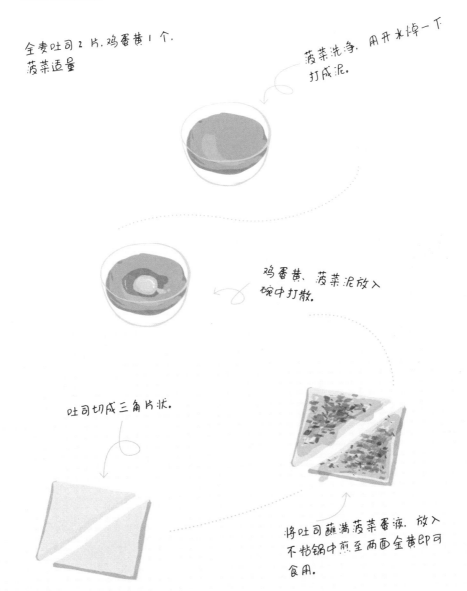

鸡蛋黄、菠菜泥放入
碗中打散。

吐司切成三角片状。

将吐司蘸满菠菜蛋液，放入
不粘锅中煎至两面金黄即可
食用。

小·黄人糖包

适合月龄
9 个月以上

材料

南瓜 100 克，面粉 30 克，红糖 30 克，酵母粉 10 克，海苔少许

做法

1. 南瓜洗净，去皮，放入锅中蒸熟。

2. 将蒸熟的南瓜用勺子压成糊泥状。

3. 取一个大碗，放入酵母粉，倒入适量清水。

4. 接着倒入备好的面粉和南瓜泥，用手揉成面团（图1）。

5. 将面团包裹上保鲜膜，静置发酵。

6. 发酵完毕之后，取出面团，然后将面团分成大小适中的小面团，放入红糖做馅，然后封口。

7. 用海苔和剩余的面将糖包装饰成"小黄人"的造型，上锅蒸15分钟（图2）。

8. 蒸好后取出，放入盘中，装点上配菜即可（图3）。

扫码看视频
轻松做美食

🐻 小·心肝营养课堂

　　为了增加宝宝对食物的兴趣，可以做一些可爱的造型。如果想要造型做得更加逼真，可以买一些模具。

香菇鸡肉玉米粥

适合月龄
9 个月以上

材料

鸡胸肉 100 克，玉米粒 50 克，香菇 2 朵，大米粥 1 碗

做法

1. 鸡胸肉洗干净，剁碎。

2. 玉米粒和香菇放入辅食机中蒸熟。

3. 碎鸡肉放入开水中，焯熟备用（图1）。

4. 将刚才用辅食机蒸熟的食材再次放进辅食机中打碎成泥。

5. 在煮好的大米粥中加入蒸熟的鸡肉碎（图2，图3）。

6. 加入碾碎的玉米香菇泥，搅拌均匀。

7. 香喷喷的香菇鸡肉玉米粥就做好啦！

扫码看视频
轻松做美食

小·心肝营养课堂

　　鸡肉性温，有很好的滋补作用，是适合宝宝常吃的肉类之一。鸡肉所含蛋白质的质量较高，脂肪含量较低，而且它的蛋白质中含有人体所必需的多种氨基酸，营养价值很高。宝宝常吃，可以滋养身体，还能提高免疫力，促进宝宝健康成长。

酸奶蒸糕

适合月龄
9 个月以上

材料

酸奶 200 克，低筋面粉 100 克，鸡蛋 4 个，白砂糖适量，核桃油少许

👣 做法

1. 将鸡蛋的蛋清和蛋黄分离出来（图 1）。

2. 将酸奶倒入另一个大碗。

3. 再倒入少许核桃油。

4. 将低筋面粉倒入。

5. 将分离好的蛋黄倒入，并搅拌均匀。

6. 蛋清加白砂糖，放入器皿中，用打蛋器打发至变白变稠，可以提出小尖角即可。

7. 将打好的蛋清分三次混入蛋黄稀中，然后搅拌均匀。

8. 将混合好的奶糊倒入容器中。

9. 在容器上裹上锡箔纸（图 2）。

10. 放入蒸锅，开水蒸 30 分钟即可。

11. 出锅后，撕去锡箔纸，奶香四溢的酸奶蒸糕就做好啦（图 3）！

🐮 小·心肝营养课堂

特别要注意蛋白的打发，第一次加入白砂糖是在蛋白打发之前，打到开始变色（由透明色变成白色）。第二次加入白砂糖继续搅打，直至有一点点发硬的时候再加入第三次白砂糖。蛋白和酸奶糊拌匀的时候需注意不能画圈，要上下翻动地拌，否则蛋白消泡以后蒸出来的酸奶糕就没有蓬松感，吃起来就会硬硬的。

扫码看视频
轻松做美食

奶香泡芙

适合月龄
9个月以上

材料

鸡蛋 1 个，低筋面粉 50 克，白糖少许，黄油 40 克

做法

1. 将 80 毫升水、黄油、糖放入小奶锅（或不粘锅）内，小火加热到融化。

2. 关火，将低筋面粉筛入，并搅拌均匀。

3. 鸡蛋打散。

4. 鸡蛋液分次加入到面糊中，加 1 次搅拌均匀后再加下 1 次。奶锅再次置于火上加热，搅拌均匀后停火。

5. 用打蛋器低速打发，注意观察面糊的状态，细腻柔滑，提起来呈倒三角形就是成功的。

6. 把面糊装到裱花器中，在烤盘上挤出一颗一颗的小星星（图 1）。

7. 烤箱上下火 180℃预热，烤 25 分钟左右。

8. 凉凉后就可以给宝宝吃了（图 2）。

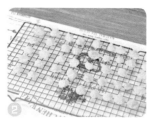

小·心肝营养课堂

由于宝宝太小，不适合吃奶油，想添加些色彩的妈妈，可以考虑加入水果泥、紫薯泥等。

西蓝花软米饼

适合月龄
9 个月以上

🥄 材料

米饭 200 克，胡萝卜 1 根，西蓝花 100 克，鸡蛋 1 个，面粉、核桃油各适量

做法

1. 胡萝卜洗净，去皮，切成片。

2. 西蓝花洗净，去蒂。

3. 将西蓝花和胡萝卜放入辅食机蒸熟（图1）。

4. 蒸熟后，将食材切碎，然后用辅食机将切碎的食材碾碎成泥（图2）。

5. 在蔬菜泥中放入一个鸡蛋，然后加入米饭，并搅拌均匀。

6. 撒入一些面粉，继续搅拌（图3）。

7. 在平底锅中倒入些许核桃油，将混合好的蔬菜面粉泥揉捏成饼状，放入锅中，煎至两面金黄即可。

8. 金黄美味的西蓝花软米饼就做好啦！

扫码看视频
轻松做美食

小·心肝营养课堂

◆用电饭锅焖米饭的时候，别焖得太干。

◆把蔬菜与米饭混合的时候，要用手多抓一抓，捏一捏。

◆把米饭蔬菜的混合物放进保鲜袋里，用手掌的力量，握紧压实。

南瓜布丁

适合月龄
9个月以上

南瓜 40 克，婴儿配
方奶 45 克，鸡蛋1个

南瓜洗净去皮，切
小块，隔水蒸熟后
用勺子碾成泥。

鸡蛋打散和南瓜泥分别
过筛，过筛后再混合。

把配方奶加入混合液
中，用打蛋器搅拌均
匀呈布丁液，继续过筛。

过筛后的布丁液装入碗中，盖上
保鲜膜，用牙签在保鲜膜上扎几
个小孔。

上锅蒸，水开后，调中小火蒸
15分钟，然后关火焖4~5分
钟即可。

虾仁面

适合月龄
10个月以上

材料

儿童面条100克，鲜虾50克，白萝卜1段，油菜、香菇、高汤各适量

做法

1. 白萝卜去皮切薄片；虾去头去壳，挑出虾线，切成小丁。

2. 锅中注水烧开，放入油菜、香菇焯烫片刻后捞出。

3. 将油菜、香菇切碎。

4. 砂锅中加入高汤，放入虾仁，倒入白萝卜片，加入面条，煮沸。

5. 再放入油菜碎、香菇碎，所有食材煮熟后盛出即可。

彩蔬鸡肉粥

适合月龄
10 个月以上

材料

大米粥 1 小碗，鸡胸肉 30 克，红彩椒、黄彩椒各半个，葱花少许

做法

1. 鸡胸肉剁碎，彩椒用辅食机蒸熟。
2. 将蒸熟的彩椒取出切丁。
3. 锅中加水，倒入鸡胸肉，烧开煮熟后盛出备用。
4. 锅洗净后下入大米粥，倒入彩椒、鸡胸肉搅拌均匀。
5. 小火熬制，出锅前撒入葱花即可。

小心肝营养课堂

鸡肉中含有宝宝必需的氨基酸，且脂肪含量较低，可以补充宝宝成长发育过程中所需的营养成分，是宝宝的理想食物之一。

苹果片

适合月龄
10 个月以上

 材料

苹果 1 个

做法

1. 将苹果洗净削皮、去核。
2. 用刀切成薄片。
3. 锅内倒入适量清水烧开。
4. 将苹果放入碗中，隔水蒸熟。
5. 关火取出即可。

小·心肝营养课堂

切开的苹果可放入淡盐水中浸泡，能更好地避免氧化。准备食用之前可用清水冲洗一下苹果。

多彩骨汤面片

适合月龄
10个月以上

材料

番茄1个，小南瓜1个，紫甘蓝2片，西蓝花10朵，面粉1小碗，骨汤适量

👣 做法

1. 紫甘蓝洗净切碎，放入辅食机，倒入1碗水，榨成汁（图1）。

2. 用滤网将紫甘蓝汁水过滤（图2）。

3. 分别将番茄、西蓝花、小南瓜按照相同的方式榨成汁。

4. 取一只大碗，倒入1小碗面粉，倒入菜汁（图3）。

5. 分别揉成不同颜色的面团（图4）。

6. 将面团分别擀成面片，接着用刀切成菱形小片，备用（图5）。

7. 锅中加水烧开，放入各色面片（图6）。

8. 倒入适量骨汤，小火炖煮3分钟即可盛出（图7）。

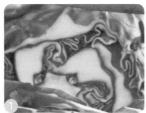

扫码看视频
轻松做美食

🐱 小心肝营养课堂

◆如果熬煮的骨汤量足够，可以不加水，直接用骨汤来煮面片。熬煮的骨汤最好不要放任何调味料，在熬煮的过程中可以加姜片去腥。1岁以上宝宝如果需要，可以适当放一点点的盐。

◆骨汤要撇去浮沫，去掉油脂，只留下清汤给宝宝喝。

三文鱼炒面

适合月龄
10个月以上

材料

胡萝卜30克，菜花60克，豆苗20克，儿童面条40克，三文鱼50克，核桃油适量

做法

1. 胡萝卜洗净，去皮，切成丁，菜花洗净切碎（图1）。

2. 豆苗择洗干净，备用。

3. 三文鱼切成薄薄的片。

4. 切碎的菜花放入热锅中焯一下。

5. 锅烧热后倒入适量的核桃油，依次倒入三文鱼、胡萝卜、菜花、豆苗，炒熟。

6. 加入适量的水（图2）。

7. 面条放入锅中，汤烧到半干后即可盛出（图3）。

小心肝营养课堂

◆在处理三文鱼的时候，可以先把三文鱼用清水煮一下，或者用柠檬腌渍几分钟，这样可以去除腥味。

◆豆苗含有丰富的钙质、B族维生素、维生素C和胡萝卜素，有利尿、止泻、助消化等作用。

山药鸡肉粥

适合月龄
10 个月以上

🐾 **材料**

豌豆 100 克，鸡胸肉 150 克，山药 1 根，胡萝卜 1 根，大米粥 1 碗

做法

1. 胡萝卜和山药洗干净，切段，放入辅食机中蒸熟。

2. 豌豆洗干净，在热水中煮熟备用（图1）。

3. 蒸熟的胡萝卜和山药切成小厚块。

4. 用模具把山药和胡萝卜按成宝宝喜欢的样子，增加宝宝的喝粥乐趣（图2）。

5. 鸡胸肉洗干净切成小块，并剁碎。

6. 另起锅，加水，水开后把剁碎的鸡胸肉放进去煮熟，盛出备用（图3）。

7. 将鸡肉放入煮好的大米粥中，稍后放入山药和胡萝卜块，再放入煮好的豌豆。

8. 把所有食材一起煮熟。

9. 香喷喷的山药鸡肉粥就做好啦！

扫码看视频
轻松做美食

小心肝营养课堂

　　冬季为了增加宝宝的御寒能力，要注意选择高蛋白、高热量的食物，但是不能有太多油脂，否则宝宝运动少，肠胃难以消化吸收。妈妈可以选择肉类、蛋类、奶、豆制品等。

三文鱼蝴蝶面

适合月龄
10 个月以上

材料

蝴蝶面 200 克，三文鱼 75 克，胡萝卜 1 根，香菇 2 朵

👣 做法

1. 三文鱼洗干净，切掉三文鱼皮。

2. 胡萝卜洗干净，切片。

3. 香菇洗干净，切成丁（图1）。

4. 将胡萝卜片和香菇丁放入辅食机中蒸熟，并在辅食机中打碎，盛入碗中。

5. 锅中倒入清水，烧开后把蝴蝶面放入煮开。

6. 三文鱼也下锅煮熟。

7. 煮熟的食材一起盛出放在碗里（图2）。

8. 用筷子将三文鱼夹断打散（图3）。

9. 颜值与营养并存的三文鱼蝴蝶面就做好啦！

🐻 小·心肝营养课堂

　　三文鱼营养美味，有利于宝宝的健康成长，搭配上可爱的蝴蝶面，宝宝肯定特别喜欢。

猪肝青菜面

适合月龄
10 个月以上

🍼 材料

新鲜猪肝 50 克，青菜 2 棵，儿童面条 50 克，姜片 2 片

👣 做法

1. 新鲜猪肝洗干净，用清水浸泡半小时泡出血水。

2. 浸泡期间，加入姜片去腥，换水 2 ~ 3 次。

3. 青菜洗净，切碎。

4. 取出浸泡好的猪肝，切成小块（图1）。

5. 锅里放适量水，烧开后倒入切好的猪肝，去浮沫。

6. 煮熟的猪肝放到辅食机中打成猪肝泥（图2）。

7. 将宝宝面条煮软。

8. 在锅中加入青菜碎，煮半分钟后捞出（图3）。

9. 在面中加入猪肝泥、青菜碎，搅拌均匀。

10. 香喷喷的猪肝青菜面就做好啦！

扫码看视频
轻松做美食

🐾 小·心肝营养课堂

◆若担心面条没有味道可以用高汤煮面。

◆猪肝中含有丰富的铁和维生素 A，可预防贫血，提高抵抗力，并且猪肝含微量元素铁、锌、铜、磷，具有补血功效。但猪肝中毒素较多，建议一周吃 1 ~ 2 次就好。

PART 5

11~12个月，咀嚼型辅食

此阶段的宝宝已经爱上了咀嚼，小牙齿对一切能塞到嘴里的东西都要咀嚼一下。这个时候的辅食食谱其实已经与大人没有多少区别，但要注意调味品的合理使用，依然要坚持少油、少糖、无盐的饮食原则。宝宝满一周岁后可以享受更多更美味的食物，饮食搭配也可以更丰富。

虾丁豆腐泥

适合月龄
11 个月以上

材料

鲜虾 4 只，豆腐 250 克，香菇 1 大朵，芝士 50 克，鸡蛋 1 个，芝麻、姜末、核桃油各适量

做法

1. 香菇洗干净，切丁（图1）。
2. 豆腐过清水，切丁（图2）。
3. 鲜虾洗干净，先去虾头，继而剪去虾皮，取虾线，将鲜虾剁成虾泥（图3）。
4. 鸡蛋取蛋清（图4）。
5. 再将虾泥、豆腐、蛋清、芝麻混在一起，搅拌均匀（图5）。
6. 锅热后放入少量核桃油，放入姜末爆香（图6）。
7. 将香菇丁，以及豆腐虾泥糊一起放入锅中翻炒。
8. 加入少许清水，放入芝士片（图7）。
9. 待芝士全部溶化，虾丁豆腐泥就完成啦！

扫码看视频
轻松做美食

小·心肝营养课堂

◆可以把虾泥、豆腐泥混合，放入容器中上沸水锅蒸熟，然后切小块给宝宝吃，锻炼他们的咀嚼能力。

◆豆腐和虾都含有丰富的钙质，有利于宝宝吸收和利用，能帮助宝宝的骨骼、牙齿健康生长。

彩虹馒头

适合月龄
11个月以上

🥄 **材料**

红薯1小段，小南瓜1个，胡萝卜1根，黄瓜1根，紫薯2个，山药1根，高筋面粉适量，配方奶100毫升，酵母适量

👣 做法

1. 小南瓜切开，去皮去籽，切块；黄瓜洗净切片；紫薯洗净去皮切块；胡萝卜去皮切段；红薯去皮切块；山药去皮切段。

2. 将黄瓜榨汁备用，其余所有食材上锅蒸熟，蒸好后取出，分别放入辅食机中打成泥。

3. 高筋面粉过筛，酵母加入牛奶中备用。将面粉分成数等份，每一等份分别加入之前打好的蔬菜泥。

4. 每份面粉分别倒入备好的牛奶（留一份用黄瓜汁），搅拌均匀，揉成光滑面团。

5. 取少量黄瓜汁，单独加入酵母，倒入分好的面粉中搅拌，揉成光滑面团。

6. 面团揉好，盖上保鲜膜，放入微波炉或者烤箱中以30℃，发酵30分钟（图1）。

7. 发酵好后取出，砧板上铺上一层面粉，将面团放上，充分按揉排气。

8. 排气后将面团静置10分钟，再将面团分成几等份。

9. 分别用擀面杖将面团擀成薄饼，并将四色面饼层层叠放，卷成面卷（图2）。

10. 放入蒸锅蒸10 ～ 20分钟至熟，蒸熟后取出切开摆盘（图3）。

扫码看视频
轻松做美食

🐮 小·心肝营养课堂

　　利用食材本身的颜色，照样能做出彩虹般美丽的宝宝餐。

三彩烧麦

适合月龄
11个月以上

材料

高筋面粉 60 克，菠菜 100 克，紫甘蓝 100 克，猪瘦肉馅 100 克，虾仁 50 克，青豆 50 克，玉米 50 克，鸡蛋 1 个，胡萝卜 1 根，黄瓜 1 根，水淀粉 10 毫升，葱末、姜粉、橄榄油各适量

👣 做法

1. 菠菜洗净，用开水焯一下，紫甘蓝洗净切碎，将菠菜和紫甘蓝加入清水分别榨汁（图1）。

2. 将榨好的蔬菜汁和面粉分别混合并揉成面团，用保鲜膜包好放置10分钟（图2）。

3. 胡萝卜和黄瓜切丁。将水淀粉分两次倒入猪肉馅中，搅拌均匀（图3）。

4. 在搅拌好的肉馅中依次放入玉米、虾仁、青豆、胡萝卜丁、黄瓜丁、葱末、鸡蛋液，加入少许橄榄油、姜粉均匀搅拌放置一旁（图4）。

5. 把面团在案板上擀薄，用器皿盖压出面片（图5）。

6. 在面片中包入腌制好的馅，四周捏褶收紧（图6）。

7. 将包好的烧麦放入笼屉，上锅蒸10分钟即可（图7）。

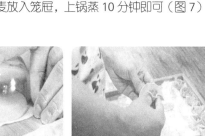

扫码看视频
轻松做美食

🐻 小·心肝营养课堂

　　虾含有丰富的蛋白质和钙，但如果与含有鞣酸的水果，如葡萄、石榴、山楂等同食，不仅会降低蛋白质的营养价值，而且鞣酸和钙离子结合形成不溶性结合物，会刺激肠胃，引起身体不适。

黄瓜鱼米

适合月龄
11个月以上

材料

胡萝卜1根，鸡胸肉60克，红甜椒1个，黄瓜1根，核桃油适量

做法

1. 黄瓜洗净切段，中间挖槽做容器。

2. 胡萝卜洗净，去皮，切丁，红甜椒洗净切碎，鸡肉切丁（图1）。

3. 热锅倒入适量核桃油，然后倒入鸡肉、红甜椒和胡萝卜，煸炒1分钟（图2）。

4. 将炒好的食材填入黄瓜槽内即可（图3）。

扫码看视频
轻松做美食

小心肝营养课堂

选黄瓜的时候可以选择普通黄瓜也可以选择水果黄瓜，看宝宝更喜欢哪一款。如果不喜欢黄瓜造型，也可以选别的瓜果。

鲜虾蒸蛋

适合月龄
11 个月以上

🍼材料

虾 3 个，鸡蛋 2 个，淀粉 5 克，柠檬半个，料酒适量

做法

1. 虾头去掉，把虾皮剥掉，虾线挑出，并在虾肉上挤上柠檬汁（图1）。

2. 再倒入少许料酒进行腌渍（图2）。

3. 将腌渍好的虾加入少许清水放入辅食机中，打成泥状。

4. 在虾泥中打入1个蛋清，这样可以保持虾肉中的水分。

5. 放入少许淀粉，搅拌成糊状。

6. 将虾泥放入裱花袋中，在深口盘子中挤出小兔子的造型。

7. 取1个鸡蛋打散，加入少许清水。

8. 把蛋液倒入刚刚做好的小兔子里面（图3）。

9. 放入蒸锅，蒸10分钟。

9. 别忘记给小兔子加上眼睛和嘴巴。

扫码看视频
轻松做美食

小·心肝营养课堂

在打鸡蛋的时候，先把鸡蛋沿顺时针方向搅打，然后再慢慢加入水，搅打均匀，这样蛋液会变得细滑。蛋液一定要搅打均匀，不要让鸡蛋黄白相间，这样蒸出来口感和卖相都不好。

山药桂花糕

适合月龄
11 个月以上

材料

山药 300 克，桂花蜜 3 克，盐渍樱花适量

做法

1. 山药洗净去皮，切成厚片（图1）。

2. 切好的山药放入水中，浸泡5分钟。

3. 泡好的山药放入锅内，大火蒸20分钟。

4. 将蒸好的山药捣碎，碾压成泥（图2）。

5. 将山药泥倒入心形的模具中。

6. 将桂花蜜淋到山药糕上。

7. 将泡好的樱花点缀到心形的山药糕上即可（图3）。

扫码看视频
轻松做美食

小·心肝营养课堂

◆樱花可以买盐渍樱花的成品，也可以自己动手制作，也可以不放，但是，樱花只适合作为装饰给宝宝看，不要给宝宝吃。

◆有些人会对生的山药过敏，处理山药的时候，可以戴上手套或将山药放入热水中泡一下。

◆桂花蜜也可以用糖桂花或者桂花酱代替。

阳春面

适合月龄
11 个月以上

材料

儿童面条 50 克,香菜、小葱各适量

做法

1. 香菜洗干净，切碎。

2. 小葱洗干净，切碎（图1）。

3. 烧一锅热水，将面条放入锅中（图2）。

4. 将煮好的面捞到碗里。

5. 最后，放入香菜和葱入味（图3）。

小心肝营养课堂

◆有的妈妈给宝宝吃面条的时候，为了让面条更加美味可口，一般会用大骨汤或者鸡汤作为汤底，这时候建议去除漂浮在上面的那一层油。因为宝宝的肠胃消化系统发育还不完善，对脂肪的消化能力不好，高油脂容易造成拉肚子。

◆结合宝宝的胃口大小控制食材的分量，如果宝宝胃口较佳，可以适当给面条搭配肉泥、蔬菜碎。

◆一开始给宝宝食用的面条，建议不要加入调味品，等到宝宝1岁以后，可添加少量盐及调味品。

扫码看视频
轻松做美食

海鲜炖饭

适合月龄
11 个月以上

材料

鱿鱼 70 克，虾仁 85 克，蛤蜊肉 60 克，彩椒 40 克，洋葱 50 克，黄瓜 75 克，软米饭 170 克，奶油 30 克，高汤 300 毫升

做法

1. 将彩椒洗净切粒，黄瓜洗净切丁，洋葱洗净切丁，鱿鱼切小丁。
2. 砂锅加奶油，炒香，倒入鱿鱼、虾仁、蛤蜊肉、洋葱，炒至断生。
3. 倒入米饭，炒匀。
4. 倒入高汤，加入彩椒、黄瓜，摊开铺匀。
5. 盖上盖，烧开后用小火煮约 25 分钟至食材软烂。
6. 揭开盖，搅拌均匀即可。

西洋菜奶油浓汤

适合月龄
11 个月以上

材料

西洋菜 50 克，奶油 20 克

做法

1. 将西洋菜择洗干净，切成小段。
2. 锅中注入适量清水烧沸。
3. 倒入奶油，化开。
4. 倒入西洋菜，搅拌均匀，煮熟。
5. 关火盛出即可。

小·心肝营养课堂

西洋菜含有大量的维生素，而且浓汤制作简单，适合宝宝在家常吃。搭配米饭、煎饼等食用，营养更全面。

鲜蔬鳕鱼蒸蛋

适合月龄
12 个月以上

材料

菜花 75 克，柠檬 20 克，鳕鱼 75 克，鸡蛋 50 克，洋葱 50 克

做法

1. 洋葱洗净切丁，备用。

2. 菜花洗净切块，备用（图1）。

3. 鳕鱼用切成片的柠檬腌渍 10 分钟。

4. 将腌渍好的鳕鱼去皮，并切成小块。

5. 把切好的鳕鱼放入辅食机中，打成泥（图2）。

6. 把切好的菜花和洋葱放入沸水中焯熟。

7. 把焯好的蔬菜捞出，剁碎。

8. 在碗中打入 1 个鸡蛋，打散，加入适量温水，搅匀并用筛子过滤。

9. 把蔬菜碎倒入打散的蛋液中搅匀。

10. 混合好的蔬菜碎和蛋液放入蒸锅中，蒸15分钟（图3）。

11. 一碗美味又营养的鲜蔬鳕鱼蒸蛋就做好了。

小心肝营养课堂

◆做蛋羹的小窍门：鸡蛋搅打的时候要轻一点，以免更多空气卷入蛋液中。

◆要做出美味的蛋羹，最好加入温水，鸡蛋与水的比例以 1：2 最佳，1：1 会略显厚重，1：3 略稀，具体视个人喜好来定。

◆蛋液要过滤一下再蒸制，这是最重要的，这样蒸出的蛋羹才会细滑鲜嫩；蒸鸡蛋羹要包好耐高温保鲜膜或加盖，但最好用牙签扎几个洞或留条缝，以免水蒸气进入碗中；火用中小火就好，这样才能保证成品的嫩滑细腻。

扫码看视频
轻松做美食

红烧鱼籽拌饭

适合月龄
12 个月以上

🔧 材料

新鲜鱼籽1小碗，鸡蛋黄1个，宝宝即食海苔2片，小香葱2根，米饭1小碗，
宝宝酱油、核桃油、糖各适量

🦶 做法

1. 鱼籽去杂质，并用清水冲洗干净，备用。

2. 香葱切成末，备用。

3. 宝宝海苔剪碎，备用。

4. 鱼籽与蛋黄混合，搅拌均匀。

5. 拿出一个空碗，加 1 勺水、少许糖、少许酱油，混合成料汁备用。

6. 热锅中放入少许核桃油，将葱花爆香，淋入鱼籽蛋液，摊成蛋饼。

7. 将鸡蛋饼卷起来切成小条（图 1）。

8. 将切好的鱼籽鸡蛋条放入碗中，再将调好的料汁倒入尚有余温的锅中，加入鱼籽蛋条翻炒（图 2）。

9. 出锅后，将鱼籽鸡蛋条铺在盛好的米饭上。

10. 将海苔碎末撒在最上面即可（图 3）。

扫码看视频
轻松做美食

🐯 小心肝营养课堂

　　鱼籽是一种营养丰富的食品，富含蛋白质、钙、磷、铁、维生素，是人类大脑和骨髓的良好补充剂、滋长剂。

洋葱胡萝卜鸡蛋面

适合月龄
12 个月以上

材料

宝宝面条50克，鸡蛋1个，胡萝卜1根，小香葱1根，蒜1瓣，洋葱、核桃油各适量

做法

1. 小香葱洗干净，切成末，备用。

2. 大蒜切成末，备用。

3. 洋葱洗净，切成细条（图1）。

4. 胡萝卜去皮，洗净，切成胡萝卜条。

5. 锅中放水烧开，下入宝宝面条。

6. 面条煮好后放入冷水中。

7. 鸡蛋打散，摊成鸡蛋饼，并切成鸡蛋饼丝（图2）。

8. 锅中倒入核桃油，放入葱末和蒜末，煸香。

9. 放入洋葱末，炒香。

10. 加入胡萝卜丝，翻炒。

12. 最后放入面条和鸡蛋饼丝，翻炒均匀，简单又营养
美味的洋葱胡萝卜鸡蛋面就做好啦！（图3）。

扫码看视频
轻松做美食

小心肝营养课堂

胡萝卜中含有大量 β－胡萝卜素，摄入人体消化器官后可以转化成维生素 A，有助于增强机体的免疫功能。维生素 A 是骨骼正常生长发育的必需物质，有助于细胞增殖与生长，对婴幼儿的生长发育具有重要意义。

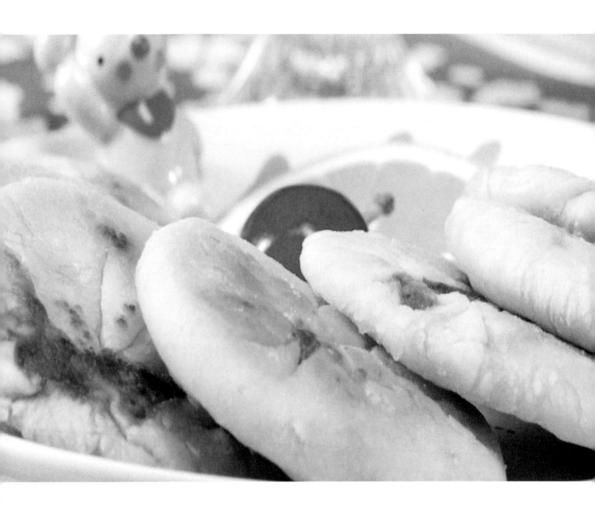

紫薯香芋饼

适合月龄
12 个月以上

材料

高筋面粉 120 克，紫薯 40 克，香芋 40 克，核桃油适量

做法

1. 紫薯和香芋洗干净，上锅蒸熟，分别捣成泥，备用。

2. 面粉兑适量温水揉成面团，备用。

3. 将紫薯泥和香芋泥混合搅拌均匀，搓揉成球状。

4. 将揉好的面团搓成长条，切成等分块。

5. 将面团擀成薄皮放入小馅球，像包包子一样把馅料包进面皮（图1）。

6. 一个一个包好后，一群萌嘟嘟的小包子就出现啦!

7. 把一个个小包子擀成小饼（图2）。

8. 平底锅中倒入适量核桃油，放入面饼（图3）。

9. 小火煎，正反煎至鼓起后，盛出装盘。

扫码看视频
轻松做美食

小·心肝营养课堂

◆蒸香芋的时候不要揭盖，如果香芋和紫薯一起蒸，可以把紫薯切厚一点，因为紫薯容易蒸熟。

◆可以根据个人喜好适量添加糖，但是紫薯本身已经很甜了，所以不放糖也可以。

◆一定要选软糯的香芋，否则做出来的成品不好吃。

鳕鱼鲜虾时蔬饼

适合月龄
12 个月以上

材料

鲜虾 2 只，鳕鱼 50 克，柠檬 1 个，胡萝卜半根，西蓝花 1 朵，西葫芦 1 个，鸡蛋 1 个，面粉 100 克，核桃油适量

👣 做法

1. 首先来处理虾，去虾头，去虾脚，剥虾皮，挑虾线（图1）。

2. 鳕鱼去皮，切块，记得要挑出鱼刺。

3. 柠檬切片，记得留半个，挤汁用。

4. 把柠檬片在盘子上摆好，放上虾和鳕鱼块。

5. 淋上柠檬汁，把剩余柠檬片盖在食材上，放在一旁腌渍10 ~ 20分钟。

6. 胡萝卜洗净，切丁；西葫芦去皮挖瓤，切丁；西蓝花切末。

7. 以上食材，除了腌渍用的柠檬片，其余全部放入辅食机中蒸15分钟（图2）。

8. 将蒸好后的食材放入辅食机中打成泥，倒入碗中，加入面粉混合搅拌。

9. 搅拌的过程中，加入鸡蛋黄，均匀搅拌，直至面糊上劲。

10. 热锅，刷核桃油，在锅上放入模具，把面糊填进模具中，煎至双面金黄即可（图3）。

扫码看视频
轻松做美食

🐻 小心肝营养课堂

鳕鱼富含DHA，对宝宝眼睛好，又能促进大脑发育，让宝宝越吃越聪明。将蔬菜藏在饼里面，还能解决部分挑食宝宝的饮食难题，营养更全面！

香芋甜心

适合月龄
12 个月以上

材料

原味面包片 2 片，蛋黄 1 个，芝士 1 片，香芋、红薯、紫薯、面粉各适量

👣 做法

1. 首先自制面包糠。吐司去边，切成小方块（图1），放入烤箱，120℃，下火烤10分钟，烤好后取出。

2. 放入辅食机中打碎，制成面包糠（图2）。

3. 根据要做的甜心数量将芝士切成小块（图3）。

4. 将红薯、紫薯、香芋分别蒸熟，搅打成泥，备用。

5. 将紫薯泥捏成小碗状，放入芝士和红薯泥，再裹上香芋泥捏成团（图4）。

6. 团子捏成饼后滚面粉，蘸蛋黄液，然后裹面包糠。

扫码看视频
轻松做美食

7. 将香芋甜心放入空气炸锅，180℃，炸6分钟（图5）。如果不用空气炸锅，就将平底锅放少量核桃油，用小火煎至两面呈金黄色即可（图6）。

9. 甜心出锅，切成小块，稍微凉一下即可食用（图7）。

🐻 小·心肝营养课堂

◆ 紫薯泥本身是偏干的，而且紫薯很甜就不用额外放糖了。

◆ 如果用南瓜做馅，一定选择老南瓜，而且应用微波炉加热至熟，这样水分才少，便于成形。

山药羊肉汤面

适合月龄
12 个月以上

材料

精羊肉 200 克，山药 100 克，姜片 3 片，宝宝面条 50 克

🐾 做法

1. 羊肉洗干净，切成小丁。
2. 山药洗干净，去皮，切小丁（图1）。
3. 锅中放入清水，水开后放入羊肉丁煮熟，煮的期间注意撇去浮沫。
4. 再放一锅清水，水开后放入山药，稍后放入姜片和羊肉，小火炖煮10分钟左右（图2）。
5. 随后加入宝宝面条，一起煮软捞出即可（图3）。

扫码看视频
轻松做美食

🐻 小心肝营养课堂

◆山药具有健脾的功效，还含有纤维素、氨基酸、淀粉酶等，属于滋补佳品。羊肉补气养血，温中养胃。

◆羊肉中除了含有丰富的蛋白质，还含有大量的维生素B_1，与葱同食，可促进其吸收。此菜补益气血，适于体弱者食用，但宝宝食用要把握好量，不宜多吃。

火龙果分层蛋糕

 适合月龄
12 个月以上

材料

火龙果1个，香蕉1根，低筋面粉50克，白砂糖50克，橄榄油30毫升，牛奶30毫升，鸡蛋3个

做法

1. 把蛋黄分离出来，与牛奶、一半的白砂糖一起混合，用打蛋器低速搅打，打发到糖溶化（图1）。

2. 筛入低筋面粉，搅拌均匀，至面粉光滑无颗粒。

3. 将剩余的一半白砂糖分批撒入蛋清，用打发器打发，第1次加糖，打发至糖溶化，第2次加糖，打发至泡沫绵密，第3次加糖，打发至可拉出小尖角即可（图2）。

4. 将打发好的蛋白分批加入到蛋黄糊中，搅拌均匀。

5. 在烤盘中放入油纸，并刷一层橄榄油垫底。将面糊均匀地倒入烤盘，轻震几下，放入烤箱，180℃，上下火，烤15分钟左右（图3）。

扫码看视频
轻松做美食

6. 烤架上放油纸，烤盘倒扣在上面，撕去蛋糕上的油纸，将蛋糕切成条状（图4）。

7. 火龙果切开，挖果肉，捣成泥；香蕉切段，捣成泥。

8. 待蛋糕凉凉，铺上火龙果泥，盖上一层蛋糕条（图5），再铺上一层香蕉泥，再附上一层蛋糕条。也可以选择宝宝喜欢的其他水果泥（图6）。

9. 做好的长条蛋糕，横放在案板上，切成小块即可（图7）。

般若菠萝饭

适合月龄
12个月以上

材料

菠萝1个，白米饭1小碗，红甜椒1个，鸡蛋1个，虾仁30克，青豌豆粒10克，甜玉米粒10克，柠檬片1片，核桃油适量

做法

1. 虾仁剁成泥并用柠檬片腌渍去腥。

2. 菠萝去掉 1/3，剩下的部分用刀划十字刀，方便取出果肉（图1）。

3. 用勺子挖出菠萝果肉，放入淡盐水中浸泡，剩下的菠萝壳留下作容器。

4. 红甜椒洗净切开，去籽，切成丁（图2）。

5. 锅中放入少量核桃油，鸡蛋打散，放入锅中煎成鸡蛋饼，炒散后盛出（图3）。

6. 锅中再次倒入适量核桃油，将青豆、玉米粒、虾泥倒入翻炒片刻。

7. 继续倒入红甜椒翻炒片刻。

8. 倒入白米饭和之前炒好的鸡蛋，继续翻炒。

9. 倒入切好的菠萝果肉，翻炒至熟后盛出，装入之前留用的菠萝壳中。一碗高颜值的菠萝炒饭就做好了。

扫码看视频
轻松做美食

小心肝营养课堂

如果不喜欢吃菠萝可以换成别的水果，在切菠萝的时候记得戴手套，防止划伤手。

番茄鸡蛋面

适合月龄
12个月以上

材料

高汤 1 碗，新鲜番茄 1 个，鸡蛋 1 个，儿童蝴蝶面适量，海苔碎少许

👣 做法

1. 番茄洗净，在顶部切十字花刀（图 1）。

2. 锅中烧开水，放入洗净的番茄。

3. 1 ~ 2 分钟后，番茄的皮就会裂开，顺着裂开的地方撕掉番茄的皮。

4. 去掉番茄的籽，并把番茄切成小碎块。

5. 高汤放入锅内，并加入适量清水，放入番茄碎块一起炖煮。

6. 水开后放入儿童蝴蝶面（图 2）。

7. 鸡蛋打散，将蛋液淋入锅中稍微炖煮至熟。

8. 起锅装碗，撒上海苔碎即可（图 3）。

🐾 小·心肝营养课堂

◆番茄含有丰富的维生素 C、维生素 A 以及叶酸、钾等，特别是它所含的茄红素，对人体的健康很有益处。

◆煮面条的时候，面条下锅后用中火煮，否则面条容易形成硬心或是面条汤糊化。中火煮时，随开随放少量凉水，使面条受热均匀。

◆最后在关火前下蛋液，下早了，煮沸时间长，蛋黄就会变硬，影响口感。

扫码看视频
轻松做美食

海鲜焗饭

适合月龄
12个月以上

材料

鲜虾3只，米饭1碗，鸡蛋1个，蛤蜊、葱花、儿童芝士、核桃油各适量

做法

1. 蛤蜊倒入锅中，用热水煮至开口。

2. 鸡蛋打散备用。

3. 鲜虾洗净，去虾头、虾尾，开背去虾线。

4. 蛤蜊捞出，剥开壳，挑出蛤蜊肉备用（图1）。

5. 热锅倒入适量核桃油，淋入打散的鸡蛋，煎熟后盛出。

6. 另起锅，放少量核桃油，加入葱花爆香，放入虾仁和蛤蜊，翻炒片刻后放入米饭。

7. 放入煎好的鸡蛋，翻炒片刻后盛入碗中（图2）。

8. 芝士撕成小块，铺在米饭上，铺满整碗（图3）。

9. 放入烤箱以190℃烤20分钟左右即可。

小心肝营养课堂

炒饭的时候记得不要炒得太硬或者太老，不利于宝宝咀嚼。

秋葵鸡肉条

适合月龄
12 个月以上

🥄 材料

秋葵 6 小根，鸡胸肉 75 克，玉米淀粉 5 克，番茄 1 个，黄瓜半根，菠萝 1 小块，核桃油少许

🐾 做法

1. 黄瓜、番茄、菠萝分别洗净，去皮，切成碎末。

2. 鸡胸肉处理干净并剁成泥。

3. 把切好的黄瓜末、番茄末、菠萝末和鸡肉泥混在一起。

4. 加入玉米淀粉，顺时针搅拌，放在一旁静置。

5. 锅中放入清水，烧开后焯一下秋葵。

6. 捞出秋葵，切掉柄端，然后再对半切开，挖出里面的籽（图1）。

7. 塞入刚拌好的鸡肉泥。

8. 另起锅，放入适量核桃油，然后转小火。

9. 放入秋葵条，煎至变色，记得翻面（图3）。

10. 出锅前在锅中放适量水，继续焖5分钟。美味又营养的秋葵鸡肉条就大功告成啦！

🐻 小心肝营养课堂

秋葵的黏液使鸡胸肉馅变得嫩滑可口。如果宝宝的咀嚼能力还不强，妈妈可以将做好的秋葵鸡肉条切成小块。大宝宝吃还可以在腌肉馅的时候加入调味料，味道会更好。秋葵的钙含量很丰富，而它的草酸含量低，所以钙的吸收利用率较高，是发育中的小朋友很好的钙质来源。

黄金土豆饼

适合月龄
12 个月以上

材料

猪肉馅 60 克，洋葱、土豆各半个，鸡蛋 2 个，面粉、面包糠、宝宝奶酪、核桃油各适量

👣 做法

1. 土豆洗净，去皮切块，洋葱切碎，鸡蛋打散。

2. 土豆放入辅食机蒸 10 ~ 15 分钟。

3. 将蒸熟的土豆取出，放入碗中碾压成泥。

4. 锅中倒入适量核桃油，放入洋葱碎，再放入肉馅煸炒。

5. 将煸炒好的食材与土豆泥一起放入碗中，加入宝宝奶酪，搅拌均匀并揉捏成饼状（图 1）。

6. 将土豆饼裹上面粉，蘸上鸡蛋液，最后再裹上面包糠（图 2）。

7. 将土豆饼放在烤盘上，放入烤箱，以上下火 190℃烤 20 分钟即可（图 3）。

🐻 小·心肝营养课堂

◆烘烤时注意不要烤过头，喂给宝宝吃的时候试一下软硬度，避免宝宝嚼不动。

◆土豆的营养价值很高，它不仅拥有人体所必需的氨基酸，特别是谷类缺少的赖氨酸；还拥有丰富的维生素，常吃土豆也可以促进胃肠道蠕动。

扫码看视频
轻松做美食

火龙果松饼

适合月龄
12 个月以上

材料

鸡蛋 1 个，火龙果半个，柠檬半个，面粉、白糖、核桃油各适量

做法

1. 鸡蛋用分蛋器去蛋黄留蛋清，加入适量糖（图1）。

2. 将蛋黄充分打散，挤入柠檬汁去腥，继续将蛋液打发。

3. 火龙果打成汁，面粉过筛倒入火龙果汁中搅拌均匀，倒入打发的蛋清，继续搅拌（图2）。

4. 锅内刷上一层核桃油，倒入火龙果糊。

5. 小火煎至熟，中间记得翻面（图3）。

6. 煎好后装盘即可。

小心肝营养课堂

火龙果肉质软糯，是非常适合宝宝食用的水果。在挑选火龙果的时候，可以根据宝宝的喜好选择红心和白心两种不同的品种。

椰蓉燕麦饼

适合月龄
12个月以上

🔎 **材料**

面粉 30 克，燕麦 40 克，白砂糖 15 克，核桃油 25 克，椰蓉 30 克，配方奶
适量

做法

1. 将燕麦倒入空碗中，继而倒入面粉。

2. 然后把白砂糖、椰蓉、核桃油一起倒入（图 1）。

3. 倒入冲调好的配方奶，搅拌成糊。

4. 可以选择在面糊中揪出一小块，捏成小圆饼（图 2）。

5. 或者擀成一张面饼，用模具按压出宝宝喜欢的形状（图 3）。

6. 烤盘上刷上油，将做好的饼干生坯分别摆在烤盘上。

7. 将烤盘放入预热好的烤箱，上下火 180℃烤 15 分钟左右，烤至两面金黄即可。

小心肝营养课堂

◆燕麦属于粗粮，粗粮的加工程度低，可以最大限度地保留谷物的营养价值，特别是 B 族维生素。在平时给宝宝做辅食的时候，可以适当提高粗粮的比例，以占主食的 1/5 左右为宜。

◆面团不要太厚，每块饼干的分量和大小尽量相同，这样受热会均匀。烤好的饼干不要趁热拿出来，热的时候拿会破碎，等冷却后再取下来。

扫码看视频
轻松做美食

鱼香玉米鸡蛋卷

适合月龄
12 个月以上

材料

鸡蛋 1 个，水淀粉 15 毫升，鱼肉泥、甜玉米粒、青豆、芝士碎、葱花、姜粉、核桃油、海苔碎各适量

做法

1. 鱼肉泥加入葱花、姜粉和水淀粉搅拌均匀。

2. 待水淀粉完全吸收，依次加入玉米粒、青豆粒、芝士碎，搅拌均匀备用。

3. 热锅中加入少许核桃油。

4. 鸡蛋打散，然后开始摊鸡蛋饼，并且正反面都要煎一下（图1）。

5. 将鸡蛋饼平放在干净的案板上，并将之前搅拌好的肉馅均匀地铺在鸡蛋饼上（图2）。

6. 像卷寿司一样将鸡蛋饼慢慢卷起。

7. 将卷好的整条蛋卷放入蒸锅中，蒸20分钟。

8. 拿出蒸好的鸡蛋卷，稍凉一会儿，然后切成小卷（图2）。

9. 将切好后的小蛋卷摆好盘，撒上海苔碎即成。

扫码看视频
轻松做美食

小心肝营养课堂

◆摊鸡蛋饼的时候一定要用小火，以防煎煳。

◆小宝宝吃的话，鸡蛋饼熟了就可出锅，尽量不要把两面煎得太硬。

宝宝面线

适合月龄
12 个月以上

🦴 材料

山药 100 克，面粉 100 克，猪肉 50 克，鸡蛋 2 个

👣 做法

1. 山药去皮切成块，备用（图1）。

2. 猪肉切成丁备用（图2）。

3. 将鸡蛋打散，并加入适量的面粉，搅拌均匀成糊状，备用。

4. 把切好的猪肉丁和山药放入辅食机中蒸热，并打成泥状。

5. 把搅拌好的面糊放入裱花袋中，向烧开的水中挤入面线，煮3分钟。

6. 将煮好的面线捞出，盛入碗中。

7. 将打好的肉泥也拌入碗中，并搅拌均匀。一盘既易于消化又能锻炼宝宝的咀嚼能力的面线就做好了（图3）。

🐷 小·心肝营养课堂

◆宝宝6个月以后可以开始添加辅食，但是由于年纪较小，消化系统还不够完善，得吃点易消化的食物，山药就是个不错的选择。

◆山药含有大量的黏液蛋白和维生素，可以增强体质，特别是夏季没有食欲的宝宝，坚持吃一段时间的山药，能够促进身体健康。

◆如果是对鸡蛋过敏的宝宝，可以试试用少许清水来替代。宝妈在处理山药的时候可以戴上手套或者套上保鲜袋，避免触碰到山药的黏液引起过敏。

扫码看视频
轻松做美食

元宝小·馄饨

适合月龄
12 个月以上

材料

西蓝花 100 克，洋葱 40 克，鳕鱼 100 克，鸡蛋 1 个，核桃油 25 克，馄饨皮适量

做法

1. 西蓝花、洋葱、鳕鱼肉分别洗净、切碎，备用。
2. 把切好的西蓝花，洋葱和鳕鱼肉放入碗中，打入 1 个鸡蛋，搅匀。
3. 将锅烧热，倒入核桃油。
4. 将搅匀了的小馄饨的馅料倒入锅中翻炒 1 分钟。
5. 将炒好的馅料盛到盘子里备用（图 1）。
6. 将 1 张大的馄饨皮，切成 4 份小的馄饨皮。
7. 准备好了馅料和馄饨皮，就可以包小馄饨了（图 2）。
8. 把包好的小馄饨放入蒸锅里蒸 4 分钟，营养美味的小馄饨就做好了（图 3）。

小·心肝营养课堂

◆鳕鱼营养丰富，不仅富含 DHA、DPA 以及人体所必需的多种维生素，还可以帮助提高人体的免疫力。

◆西蓝花中含有钙、磷、铁、钾、锌、锰等丰富的矿物质，常吃西蓝花不仅可以促进生长、维持牙齿及骨骼健康，还可以保护视力、提高记忆力。

蓝莓奶酥饼

适合月龄
12 个月以上

材料

蓝莓干 20 克，蔓越莓干 20 克，配方奶粉 5 克，低筋面粉 60 克，蛋黄 1 个，黄油 25 克，白砂糖 10 克

👣 做法

1. 黄油切成小块，常温溶化，加糖和配方奶粉搅拌均匀。

2. 倒入蛋黄，与黄油糊充分搅拌。

3. 筛入低筋面粉。

4. 撒入部分蓝莓干、蔓越莓干，并再次搅拌均匀。

5. 将面糊搓揉成面团，按成饼，将剩下果干裹在里面（图1）。

6. 将果干面团擀平。

7. 用模具在果干面皮上按压出各种形状的蓝莓奶酥坯，并刷上一层蛋液（图2）。

8. 烤箱预热10分钟，以上下火180℃烘烤15分钟，烤至表面变色即可（图3）。

扫码看视频
轻松做美食

🐻 小心肝营养课堂

要想奶酥饼干的口感酥糯，黄油打发很重要，黄油不能溶化成液体，如果变成液体了就再放入冰箱冰冻一下后使用。

芝士鱼圆

适合月龄
12 个月以上

材料

龙利鱼 150 克，面包糠 100 克，儿童芝士 10 克，鸡蛋 1 个，面粉 30 克

做法

1. 将龙利鱼洗干净，切成条；鸡蛋打散。
2. 将切好的龙利鱼和鸡蛋倒入辅食机中打碎。
3. 打好的泥盛入碗中，并加入面粉，搅匀和成面糊（图1）。
4. 将面糊揪成小块，按成小圆饼（图2）。
5. 在小圆饼中放入小块芝士，揉成鱼圆，裹上一层面包糠（图3）。
6. 将做好的鱼圆放入空气炸锅中，炸30分钟，一盘香脆美味的芝士鱼圆就做好了。

小·心肝营养课堂

◆龙利鱼刺少、肉多，肉质细嫩、味道鲜美，几乎没有任何鱼腥味。而且营养丰富，具有抗动脉硬化、防治心脑血管疾病、增强记忆、保护视力等食用功效，特别适合给宝宝吃。

◆一般做鱼圆，鸡蛋清是必不可少的原材料，因为它会让鱼圆的口感更顺滑。如果宝宝对蛋清过敏，可以试试用少许清水来替代，如果怕腥，可以用柠檬腌一下。

扫码看视频
轻松做美食

蛋丝三文鱼

适合月龄
12 个月以上

🔧 材料

三文鱼 50 克，彩椒 1 个，香菇 2 朵，鸡蛋 1 个，核桃油适量

👣做法

1. 三文鱼、彩椒洗净之后切丁（图1）。

2. 香菇洗净去蒂切丁（图2）。

3. 鸡蛋打散，在平底锅中摊平煎成蛋饼（图3）。

4. 蛋饼凉一下，摆平，切成蛋丝备用（图4）。

5. 锅中倒入少量核桃油，烧热后，依次放入香菇丁、彩椒丁、三文鱼丁（图5）。

6. 翻炒均匀后再放入蛋丝，香喷喷的蛋丝三文鱼就完成啦（图6，图7）！

扫码看视频
轻松做美食

🐮小心肝营养课堂

◆深海鱼类含有丰富的蛋白质，而且其中所含的人体必需的氨基酸量的比值非常适合宝宝身体发育的需要。

◆深海鱼类的身体中含有一种高度的不饱和脂肪酸，其中含有大家耳熟能详的DHA成分——这可是宝宝大脑发育所必需的营养物质哦。

鸡蓉拌面

适合月龄
12 个月以上

材料

黄瓜半根，番茄 60 克，彩椒半个，鸡胸肉 100 克，儿童面条 100 克，核桃
油少许

👣 做法

1. 黄瓜、番茄、彩椒洗净，分别切成条（图1）。

2. 把鸡胸肉放入锅中，煮熟后撕成小条状（图2）。

3. 锅中放入水，等水开后放入儿童面条，煮熟，盛出备用（图3）。

4. 锅中倒入少许核桃油，把切成条的蔬菜倒入锅中炒熟。

5. 把炒好的蔬菜倒到面上，最后撒上鸡蓉，一盘美味营养的拌面就做好了。

扫码看视频
轻松做美食

🐻 小·心肝营养课堂

　　如果想要鸡胸肉做得比较嫩，可以先把水烧开，然后平铺放入鸡肉，锅盖半盖，小火煮10分钟，关火，盖严锅盖，静置15分钟。